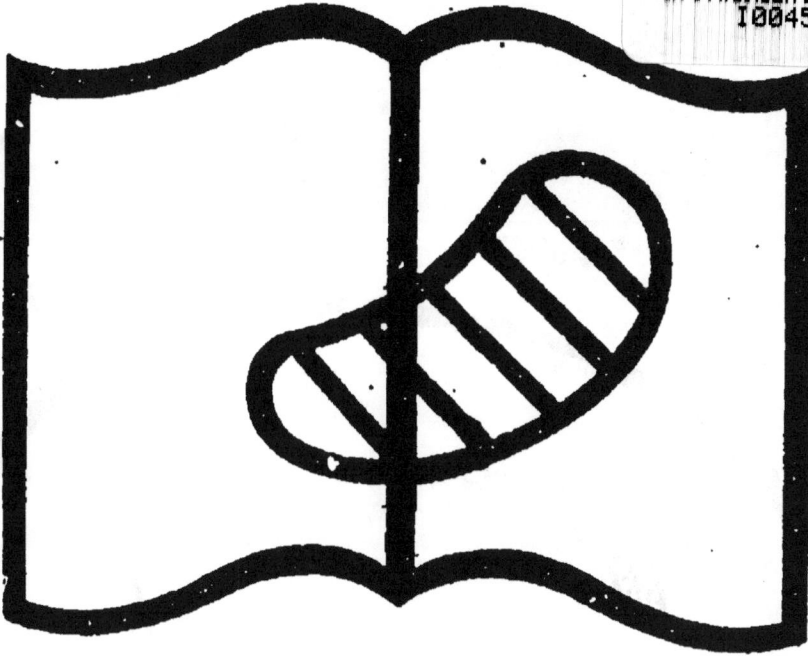

Illisibilité partielle

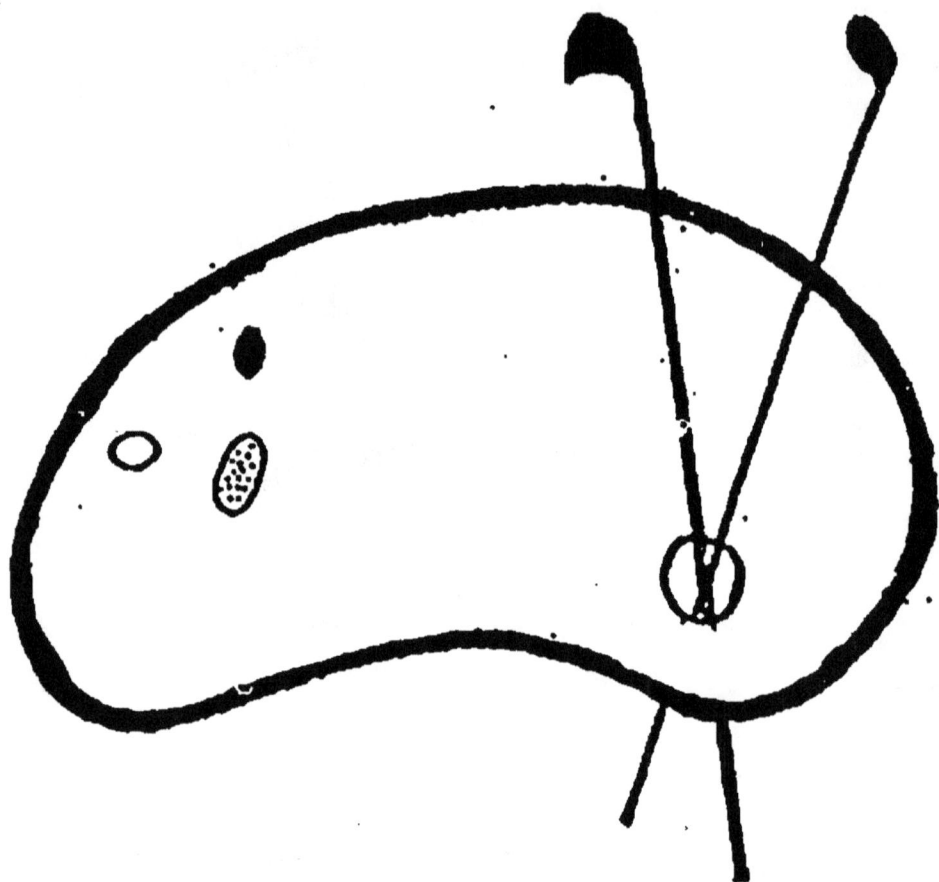

DEBUT D'UNE SERIE DE DOCUMENTS
EN COULEUR

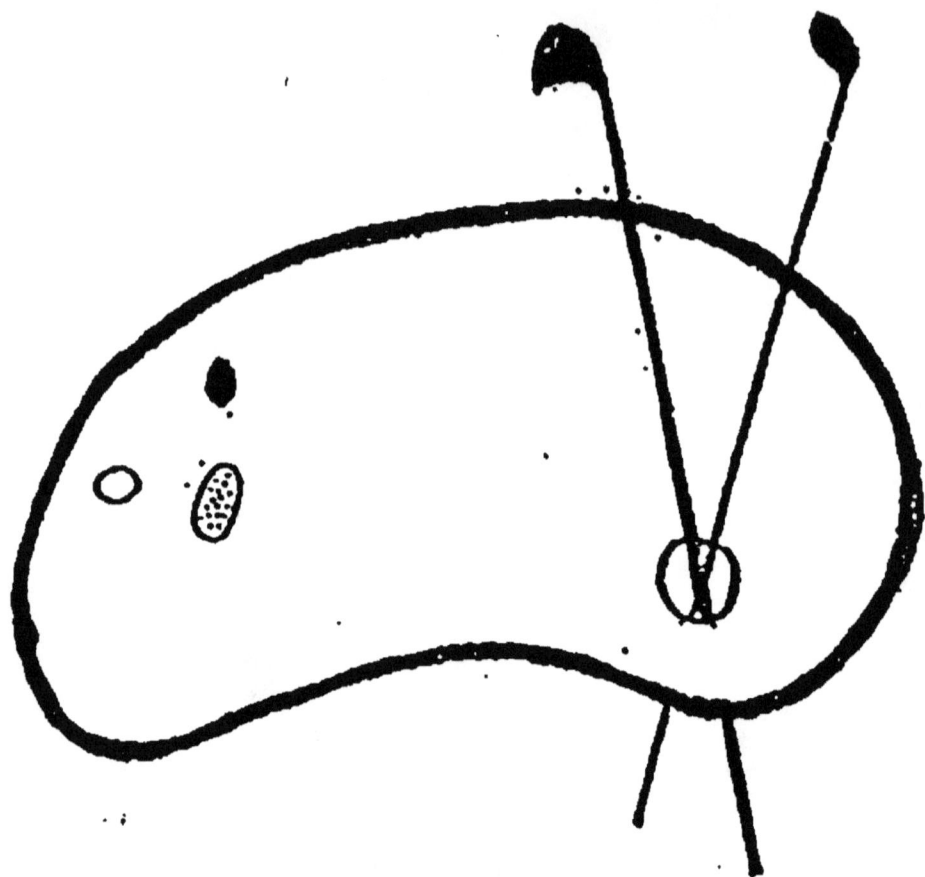

FIN D'UNE SERIE DE DOCUMENTS
EN COULEUR

LA SCIENCE POPULAIRE

LA
CHALEUR

ET SES EFFETS

PAR S. DUCLAU.

LIMOGES
EUGÈNE ARDANT ET Cⁱᵉ, ÉDITEURS.

SUR LA CHALEUR

---◆―◁≋▷―◆---

L'objet dont nous allons parler, la chaleur,
a cela de commun avec le son, la lumière,
l'électricité, le magnétisme, que nous ne
saurions ni le voir ni le toucher. Nous le
connaissons seulement par divers changements qui se voient, soit dans les corps environnants, soit en notre propre corps, ou
bien par l'impression dont ces changements
sont accompagnés dans ce dernier cas.
Cette impression elle-même, que signifie-
t-elle, sinon que par le contact de ce que
nous appelons un corps *chaud*, un corps
froid, un changement analogue au changement visible que ce contact amène dans
les autres corps, se produit ici dans le
nôtre, à l'extrémité, du moins, des ramifi-
cations nerveuses ; que les particules s'écar-

tent, en cet endroit, les unes des autres, comme s'il s'interposait entre elles une matière étrangère, invisible et impalpable, ou bien que ces particules se rapprochent les unes des autres, comme si la matière invisible et impalpable, interposée entre elles, était en partie retirée.

Cette matière invisible et impalpable a reçu tour à tour les noms de matière du feu ou matière ignée, de matière de la chaleur, et finalement, lors de la réforme introduite dans la langue chimique par *Guyton de Morveau, Lavoisier, Berthollet* et *Fourcroy*, celui de *calorique* (1).

Ainsi donc, dans le contact d'un corps *chaud*, il y aurait acquisition de calorique par nos organes du toucher et dilatation de ces organes. Dans le contact d'un corps *froid*, il y aurait déperdition de calorique par nos organes du toucher et resserrement de ces organes (2). Lorsque nous

(1) « Rigoureusement parlant, écrit *Lavoisier* dans son *Traité élémentaire de chimie*, nous ne sommes pas obligés de supposer que le *calorique* soit une matière réelle. Il suffit que ce soit une cause répulsive quelconque qui écarte les particules des corps. »

(2) Ces dilatations et resserrements, vu la nature cornée des extrémités nerveuses, se résolvent en amollissement et durcissement, comme à l'égard de la plume que vous tenez au froid ou près du feu.

disons d'un corps qu'il est *chaud*, cela n'aurait trait qu'au changement qu'il produit dans notre état thermal (1), puisque, dans ce cas, ce corps se refroidit et se refroidit à notre profit. Lorsque nous disons d'un corps qu'il est *froid*, cela n'aurait trait qu'au changement qu'il produit dans notre état thermal, puisque, dans ce cas, ce corps s'échauffe, et s'échauffe à nos dépens. Que notre état thermal ne perde ni ne gagne, il n'y a plus aucune impression de température. Si quelque pression ne vient pas nous avertir, le toucher ne nous annonce plus la présence des corps contigus au nôtre. Il en est souvent ainsi, vous le savez, de nos vêtements et de l'air, dans l'immobilité.

L'impression de chaleur nous annonce seulement une différence, en fait de calorique, entre notre corps et les autres corps, dans le temps même que cette différence est en train de diminuer et de disparaître. Cette impression ne nous parle que du calorique en mouvement : de celui qui nous arrive ou de celui qui nous quitte. Elle n'est, en définitive, que l'indicatrice des variations qui surviennent dans la température de

(1) Ce mot] dérive de celui qui correspond, en grec, à chaleur.

tout ou partie de notre corps : variations
qui, là, comme ailleurs, se résoudraient, à
l'œil, en changements de densité.

En substituant le mot de *calorique* à
celui *chaleur*, les observateurs modernes
annoncent assez clairement qu'il considèrent
les faits de température en dehors, et abs-
traction faite de l'impression que ces faits
produisent; que, dans l'appréciation du
chaud et du froid, ils s'occupent, non pas de
leur propre état thermal, mais de l'état thermal des corps que notre impression nous fait
appeler corps *chauds* ou corps *froids*.

Cette manière de procéder les conduit
naturellement à s'enquérir aussi de l'état
thermal des corps, sur lesquels aucune
impression de chaleur ne nous éclaire. Du
moment que les observateurs se mettent à
sortir d'eux-mêmes pour l'observation des
faits de température et prennent, en quelque
sorte, leur point de vue du sein même des
corps que nos impressions nous font appeler
corps *chauds* ou corps *froids*, il n'y a pas
de raison pour que leur recherche attende
ces impressions, ou bien s'arrête à l'endroit
où la sensibilité se tait. Il n'y a pas de
raison pour ne pas interroger les corps sur
leur état thermal, alors même qu'aucune

variation dans le nôtre ne soulève, à leur égard, de question de température.

Vous voyez que le champ d'études ouvert devant nous, loin d'être limité, comme le mot de chaleur semble l'annoncer aux corps qui nous impressionnent, s'étend à tous sans exception, et nous promet, à l'endroit surtout où nos impressions restent muettes, des faits qui ne seront pas sans nouveauté.

Une fois les impressions de chaleur ou de froid mises de côté, rien ne nous peut éclairer sur l'état thermal des corps, que les changements visibles que ces corps subissent, ou bien qui s'observent en d'autres corps dont l'état thermal est lié au leur (1). Entre ces changements, ceux qui portent sur l'augmentation ou la diminution de volume, sans addition de matière pesante, sont au premier rang. Il est facile de les observer. Prenez une petite tringle de fer, qui entre sans peine dans l'anneau d'un piton; faites-la rougir au feu et présentez-la rapidement

(1) Nous n'avons aucun moyen d'aborder directement le calorique; car, à supposer que ce soit un fluide invisible, il ne se laisse ni saisir, ni mesurer; il n'est pas de vase à travers lequel il n'entre ou bien duquel il ne s'échappe et qui le puisse contenir sans addition ni perte.

à l'anneau : elle ne peut plus y entrer.
Vous pouvez, en fixant cette tringle par
un bout et la posant au-dessus de charbons
ardents, la voir, par son extrémité libre,
dépasser telle limite à laquelle elle s'arrêtait
avant le chauffage. Laissez refroidir cette
tringle, elle revient à sa longueur et à son
diamètre primitifs; refroidissez-la davantage,
et vous vous assurerez qu'elle se resserre
encore plus.

Vous pouvez remarquer le même fait sur
les liquides, tels que l'huile, l'esprit-de-vin,
l'eau, le mercure; vous pouvez éprouver
chacun d'eux dans un petit tube de verre,
que vous remplissez à demi et que vous
observez, tour-à-tour plongé dans l'air
environnant, dans un verre d'eau chaude,
dans un verre d'eau froide. Ces liquides vous
offrent entre eux de grandes différences.
La colonne d'esprit-de-vin et la colonne
d'huile sont celles qui grandissent le plus,
même au seul contact de la main. L'eau,
en comparaison, paraît à peine varier.

Dans les gaz, les changements de
volume sont encore plus remarquables.
Prenez pour exemple le gaz au milieu
duquel nous vivons, l'air; présentez au feu
une vessie aux trois quarts remplie d'air

et bien fermée : vous la voyez se gonfler et s'arrondir peu-à-peu; si le chauffage continue, le gaz emprisonné finit par briser l'enveloppe avec fracas. Il est un moyen très-simple de rendre l'air visible et d'en apprécier plus nettement les changements de volume : c'est d'enfermer une bulle d'air au milieu d'un liquide coloré, dans un tube de verre horizontal. A la moindre addition de calorique, la bulle d'air ou plutôt le petit espace transparent, qui indique sa présence, s'agrandit et, pour peu que le chauffage continue, il envahit la totalité du tube. L'expansion croissante de l'air est ici mesurable. Le refroidissement vous rend témoins du fait inverse.

Nous avons vu le fer se dilater par la chaleur; augmentons graduellement la quantité de chaleur ou de calorique. Nous arrivons à un moment où cette matière dissolvante, cette force répulsive inconnue, l'emporte sur l'espèce d'attraction qui tenait les particules de fer fixées entre elles, et les mobilise. Au lieu du fer solide, nous avons du fer liquide. Ce moment, comme vous le savez, ne se ferait pas si longtemps attendre avec le plomb, le soufre, la glace, la cire. De même, ajoutons successivement de nouvelles quantités de calorique à un liquide. Un moment vient où l'état de mobilisation que présentent les particules dans le liquide, fait place à un autre état de mobilisation. Cet autre état de mobilisation diffère essentiellement du premier, en ce que les particules du corps y possèdent au moins le même degré d'élasticité que l'air des couches inférieures de l'atmosphère, sous la pression des couches d'air qui sont au-dessus. Le moment où cette nouvelle mobilisation arrive ne se fait pas également attendre pour les divers liquides.

Réciproquement, en retranchant du calorique à un gaz, nous arriverions au moment où il cesse d'avoir le même degré d'élasticité que l'air des couches inférieures de l'atmosphère, et subit sous leur pression cette sorte de condensation qui le constitue à l'état liquide. En retranchant du calorique un liquide, nous arriverions au moment où l'attraction des particules les unes vers les autres reprend le dessus, où la mobilisation cesse, où le corps devient solide. Ces trois états solides, liquides, gazeux, ne sont, à proprement dire, pour chaque corps, que trois étages dans l'échelle de ses températures. Sous le nom

d'état solide, sont incluses des températures et des densités très-différentes, mais qui
toutes ont cela de commun d'être au-dessous de telle limite, qui est la température à
laquelle le corps devient liquide. De même,
sous le nom d'état liquide, sont incluses des
températures et des densités très-différentes,
mais qui toutes ont cela de commun de rester entre deux limites, celle du point où ce
corps devient solide et celle du point où ce
corps devient gazeux. Sous le nom d'état
gazeux ou aérien, sont incluses des températures et des densités très-différentes, mais
qui toutes ont cela de commun de rester au-
dessus de telle limite, qui est la température
à laquelle le corps devient liquide. Nous
verrons tout-à-l'heure de quelles circonstances inaperçues est marquée la dilatation
ou la contraction des corps au-delà de l'une
de ces limites. Bornons-nous, pour le moment, aux changements de volume qui ont
lieu, de l'une de ces limites à l'autre.

Ces changements de volume peuvent être
employés à la mesure des variations thermales. Nous pouvons nous servir des corps
chez lesquels ces changements sont plus
sensibles, pour apprécier l'état thermal des
corps où les changements de ce genre nous

échappent. Ainsi, les changements de volume de l'esprit-de-vin nous instruiront bien
mieux que l'inspection directe de l'eau, de
l'état thermal de ce dernier liquide. — Pour
pouvoir comparer entre elles les observations
de cette espèce, il nous faut remarquer entre
les divers changements de volume que
l'esprit-de-vin admet, sans quitter l'état
liquide, un point fixe qui nous serve de
point de départ et de repère. — Il nous
faut choisir, pour ce point fixe, un fait qui
ait toujours lieu à la même température et
auquel nous puissions revenir pour vérifier
notre instrument, ou bien, en l'absence de
celui-ci, en construire d'autres sur le
même plan. Peut-être serez-vous curieux
d'employer d'autres liquides, l'huile ou le
mercure, par exemple. — Pour pouvoir
rapprocher les résultats fournis par ces liquides divers dont les dilatations sont, vous
l'avez vu, si fort inégales, il nous faut y
remarquer deux points fixes, deux points où
ces liquides soient à la même température;
puis, en chaque tube, partager l'intervalle
qui sépare ces deux points, en un pareil
nombre d'échelons égaux (1).

(1) Resterait à savoir, si pour chacune de ces parties
égales, chacun de ces liquides se dilate dans la même
proportion.

Entre les faits qui ont lieu à des températures toujours les mêmes, se trouvent celui de la fusion de la glace et celui de l'ébullition de l'eau. Nous verrons tout-à-l'heure à quoi tient l'uniformité de température de ces faits, et de quelles circonstances il faut tenir compte en les prenant pour points de départ. Il nous faut plonger notre tube à esprit-de-vin, notre tube à huile, notre tube à mercure, d'abord dans de la glace fondante, et marquer sur le tube le point où le liquide s'arrête ; le plonger ensuite dans l'eau bouillante, et marquer encore le point où le liquide s'arrête ; puis diviser l'intervalle qui sépare les deux marques, en un même nombre de parties égales, en cent parties égales, je suppose, que nous appellerons des *degrés*; enfin, continuer cette graduation au-dessus et au-dessous des deux points extrêmes (1).

Ce tube de verre, à liquide mobile sous la seule influence des additions ou des sous-

(1) Le zéro est au point de la glace fondante, et s'écrit ainsi 0°. Le signe $+$ distingue, dans l'écriture abréviative, les degrés au-dessus de zéro. Le signe $-$, les degrés au-dessous de zéro. *Cinq degrés au-dessus de zéro* s'écrivent ainsi : $+$ 5°. *Cinq degrés au-dessous de zéro* s'écrivent ainsi : $-$ 5°.

tractions de calorique, cet indicateur de la
température des corps environnants, cette
mesure de leur état thermal, prend le nom de
thermomètre. L'intervalle entre les deux
points fixes est-il divisé en cent parties, on
l'appelle thermomètre *centigrade*.

D'après ce que vous avez vu tout-a-
l'heure des changements de volume de l'air,
il est évident qu'un thermomètre à air ou à
gaz devrait être substitué au thermomètre
à liquide, dans le cas où l'on voudrait mesurer de très-faibles différences. Quant aux
solides, leurs changements bien moindres
semblent les réserver pour la mesure des
plus fortes variations de température; de
celles, par exemple, auxquelles le verre des
thermomètres à liquide ne résisterait pas.

Occupons-nous d'abord du thermomètre
à liquide, qu'il nous reste à perfectionner.
La première chose est le choix d'un tube
qui soit, le plus possible, du même calibre,
dans toute sa longueur. Plus ce calibre sera
petit, plus les changements de volume du
liquide seront apparents. Cependant si le
tube ne nous laissait voir que les changements de volume subis par le liquide qu'il
renferme, ces changements, sur une si petite

quantité de liquide, ne nous rendraient guère sensibles de faibles variations de température. De là la nécessité de terminer, en bas, ce tube par un réservoir un peu plus large de liquide, en forme de boule ou de cylindre. Il s'agit donc de souffler une boule à l'extrémité inférieure de nos tubes ou d'y souder un tube d'un plus grand calibre.

Lorsque le calibre du tube employé est très-petit, l'introduction du liquide demande quelques soins. On chauffe d'abord doucement la boule ; ce qui dilate l'air inclus dans le tube et en chasse une grande partie. On plonge ensuite rapidement l'extrémité ouverte dans le liquide. L'air resté dans le tube, resserré par le refroidissement, laisse un vide où le liquide monte, sous la pression atmosphérique. Dès qu'il est arrivé quelques gouttes de liquide dans la boule, on chauffe de nouveau peu-à-peu, jusqu'à faire bouillir le liquide, dont la vapeur chasse le reste d'air. Cette fois, en plongeant de nouveau l'extrémité ouverte dans le liquide, on peut-être sûr (le vide étant fait dans le tube et dans la boule, par la condensation de la vapeur qui les remplissait) que le liquide les remplira complètement. Veut-on que les dilatations et les contractions aient lieu dans le vide : on tire en un fil, à la flamme de la lampe, l'extrémité du tube, puis on chauffe la boule, jusqu'à ce que le liquide, dont on n'a laissé que la quantité voulue, monte à l'extrémité ; on ferme alors le tube, en fondant, à la lampe, l'extrémité.

Veut-on laisser un peu d'air dans le tube : on en ferme l'extrémité comme tout-à-l'heure, mais avant que le liquide s'élève tout-à-fait jusque en haut. On maintient ensuite à la flamme cette extrémité dans un état de mollesse, et l'on chauffe le réservoir de façon que le liquide monte le plus possible. L'air, restant comprimé vers le haut, repousse le verre mou et y forme une boule.

Vous savez de quels points fixes on fait choix. Celui de la glace fondante s'obtient en plongeant le réservoir et une portion du tube, en un vase rempli de glace pilée, dans un endroit où cette glace puisse fondre. Après quelques instants, on voit le niveau du liquide rester invariable ; on note ce niveau, par un trait sur le verre.

On prend l'autre point fixe, celui de l'eau bouillante, en plongeant légèrement la boule dans l'eau et de façon que le tube soit

tout entier dans une sorte de cheminée
remplie de vapeur, dans un tuyau de ferblanc, par exemple, ouvert, en haut, sur le
côté. Ici encore l'on voit, après quelques
instants, le niveau du liquide rester invariable, et l'on note ce niveau par un trait sur
le verre.

Il est à remarquer que ce niveau n'est pas
le même dans l'eau pure et dans l'eau qui
contient des sels en solution. Dans ce dernier cas, l'eau ne bout qu'à une température
plus élevée (1). A la rigueur, il faudrait
employer, en cette occasion, de l'eau distillée
ou bien de l'eau de pluie recueillie à l'abri
de matières étrangères. On s'est en outre
assuré, dans ces derniers temps, que l'eau
bout à un degré plus élevé dans les vases de
verre ou de terre que dans les vases métalliques.

Une autre considération importante, c'est
celle de la pression atmosphérique, ou si
vous voulez du ressort de l'air environnant,
du ressort de l'air des couches inférieures, au
milieu desquelles l'expérience est faite. Ce
ressort varie, dans le même lieu, comme
le montre l'allongement ou le raccourcis-

(1) Une dissolution saturée de sel ordinaire bout à +
109°; celle de salpêtre à + 115°.

sement, dans le vide, de la colonne barométrique qui lui fait équilibre. En outre, ce
ressort varie d'un lieu à un autre, selon l'é-
paisseur de la couche atmosphérique que
l'air de ce lieu supporte. Le ressort de l'air
étant l'un des obstacles que la vaporisation
de l'eau doit vaincre, cette vaporisation a
lieu à une température plus haute ou plus
basse, selon que ce ressort est plus fort ou
plus faible. D'après les expériences du frère
du célèbre chimiste anglais *Wollaston*, 27
millimètres de diminution dans la hauteur
de la colonne barométrique ou de diminution dans la pression atmosphérique, abais-
serait d'un degré le point de l'ébullition de
l'eau. On peut, d'après cela, toujours rame-
ner le point d'ébullition à ce qu'il serait si
la colonne barométrique était de 76 centimètres, c'est-à-dire si cette colonne était
à la hauteur qu'elle présente au niveau des
mers (1).

Il reste à diviser en cent parties égales

(1) Tel abaissement de la colonne barométrique vous
dit de combien vous vous êtes élevés, dans l'atmosphère, au-dessus du niveau des mers. Tel abaissement
dans la colonne thermométrique, lors du fait de l'ébullition de l'eau bouillante peuvent ainsi suppléer au
baromètre pour la mesure des hauteurs.

l'intervalle qui sépare les deux points fixes.
On emploie pour cela un triangle équilatéral
dont la base présente cent divisions égales,
jointes chacune, par une ligne droite, à
l'angle supérieur; ce qui, vous le voyez
donne, parallèlement à la base, un certain
nombre de lignes décroissantes toutes à cent
divisions. On choisit, entre ces lignes, celle
qui s'adapte à l'espace à graduer. La graduation se fait, d'ordinaire, à côté du tube,
sur une monture en bois, en ardoise, en
verre, etc. On continue les mêmes divisions
au-dessous de 0° et au-dessus de 100°.

Le choix du liquide dépend de l'usage
auquel le thermomètre est destiné. Le mercure prend beaucoup plus vite que l'esprit-
de-vin la température des corps environnants. L'esprit-de-vin (coloré en rouge, par
l'orseille) fait attendre un peu plus longtemps le résultat, mais ses changements de
volume sont plus considérables, et dès-lors
plus remarquables. Il se dilate huit fois plus
que le mercure. Sa coloration le rend aussi
parfois plus commode. S'agit-il de températures très-*basses* (1), le mercure ne peut

(1) Cette expression est empruntée à l'usage du thermomètre : la colonne liquide *montant*, lorsque la quantité de calorique est plus grande; *descendant*, lorsque
la quantité de calorique est plus faible.

guère être observé avec certitude au-dessous
de — 35° à — 36°. Entre — 39° et — 40°, il
se solidifie; il gèle. L'esprit-de-vin ne gèle
à aucun des froids naturels observés jusqu'ici. Il cède, du reste, la place au mercure,
pour le mesurage des températures élevées:
il bout avant le point d'ébullition de l'eau,
à + 78° ; aussi est-il bon, dans les thermomètres à esprit-de-vin, de laisser un peu
d'air. L'ébullition est alors retardée par cet
air et par la vapeur que le liquide dégage.
Les thermomètres à mercure peuvent indiquer jusqu'à 3 et 400 degrés. Cependant
au-delà de 300°, les résultats manquent
d'exactitude, parce que l'on ne peut plus
tenir compte de la dilatation du verre.

Vous voyez souvent des thermomètres centigrades qui n'ont que 15 ou 20 degrés de
course : ces thermomètres ont été gradués,
au moyen d'un thermomètre centigrade
entier.

De ce que, dans les thermomètres à
liquide différent, les termes fixes sont empruntés à des températures pareilles, il ne
faut pas conclure que, entre ces deux termes, les dilatations ou contractions se cor-
respondent d'un thermomètre à un autre :
ainsi quand le thermomètre à mercure est

à + 50°, un thermomètre à huile d'olive marquera + 49°; des thermomètres à huiles essentielles marqueront + 48°; un thermomètre à esprit-de-vin, + 45°; un autre, à eau salée, + 46°; un thermomètre à eau pure, + 36°. Plus on s'élève dans l'échelle thermométrique, moins il faut, pour le même liquide, de calorique pour produire la dilatation équivalente à un degré. Cette différence, très-forte avec l'esprit-de-vin, est très-faible avec le mercure. Le thermomètre à huile de lin se rapproche, à cet égard, du thermomètre à mercure.

Il ne faut pas perdre de vue que les mouvements de la colonne thermométrique ne donnent, à l'égard du liquide dont elle est faite, que sa dilatation dans les circonstances spéciales où ce liquide se trouve là, c'est-à-dire avec les modifications qu'apportent à ses mouvements les changements de densité du verre, le contact de la monture, etc.

On a remarqué, en ces derniers temps, que le niveau du liquide, à la température de la glace fondante, s'élevait dans le thermomètre, au bout de quelques mois, au-dessus du zéro primitivement marqué, comme par un rétrécissement lent du verre du réservoir. Cette remarque conduit à des vérifications que l'on aurait, auparavant, jugées superflues.

Le thermomètre, inventé, ce semble, par un besoin assez récent de précision dans les études physiques, n'a guère commencé à être d'un usage public que vers le milieu du dix-septième siècle. Les premiers instruments de ce genre dont il soit fait mention, selon M. *Berzelius*, sont ceux de *Cornelius Drebbel* en Holllande (vers 1600) et de *Sanctorius* à Venise.. Ces deux médecins mesuraient les températures d'après le refoulement exercé par l'air, lors de sa dilatation, dans une boule, au haut d'un tube, sur un liquide où le tube était plongé. Vous pouvez voir dans les ouvrages de physique et de chimie, la série de modifications successives, introduites dans la construction des thermomètres. *Renaldini*, de Padoue, plaçait le 0° au niveau que gardait l'esprit-de-vin dans la glace. L'Académie de Florence adoptait, pour seul terme fixe, la température des caves. *Newton* employait l'huile de lin, et prenait deux points fixes, l'un à la température où l'eau gèle, l'autre à celle du sang dans le corps humain; il divisait l'intervalle en 12 degrés. *Amontons* choisit le premier la température de l'eau bouillante pour point de départ. Vers 1714, un constructeur d'instruments de Dantzick (*Fahrenheit*) remplaçait l'esprit-de-vin par le mercure. Il admettait pour points fixes l'eau bouillante et la température des plus grands froids de l'Islande, ou selon d'autres celles d'un mélange de sel ammoniac et de neige dont il tenait la proportion secrète. Il avait observé que, entre ces deux points fixes, le mercure augmentait de volume dans la proportion de 1 à 212. Il adopta ce chiffre pour graduer l'intervalle. Dans ce thermomètre, la température de la glace pendante est à + 32°. Cette graduation est d'usage en Allemagne, en Hollande, en Angleterre.

Vers le même temps, *Réaumur* employait, à Paris, de l'esprit-de-vin mêlé d'une quantité déterminée d'eau, afin que le liquide pût supporter, sans bouillir, de plus hautes températures. Dans sa graduation, chaque division présentait un millième de l'augmentation sur le volume du liquide à la température de la glace. L'ébullition de l'eau se trouvait ainsi au 80° degré. S'étant aperçu que le mercure, à la même température, marquait dans sa division 85°, *Réau-*

mur faisait les quarante degrés supérieurs proportionnellement plus petit. Un autre physicien (*Delisle*), ne prenant qu'un seul point fixe, marquait 0° à la température de l'eau bouillante, et comptait les degrés de haut en bas. Cette graduation est encore usitée en Russie (1).

La première graduation thermométrique établie, non plus d'après l'augmentation en volume, mais par la division directe de l'intervalle compris entre deux points fixes, date de 1740, et appartient au Génevois *Ducrest*. Le 0° était la température des caves de l'Observatoire de Paris. L'année suivante, le professeur suédois *Celcius* construisit le thermomètre centigrade que je vous ai décrit et que la division décimale a fait adopter en France, bien que l'usage de la division de *Réaumur* se soit conservé jusqu'à ce jour.

La lecture des ouvrages anglais ou celle des anciens ouvrages français, oblige souvent à traduire les indications des thermomètres de *Fahrenheit* et de *Réaumur*, en degrés centigrades. 80 degrés de Réaumur équivalent à 100 degrés centigrades; 20

(1) Dans ce thermomètre, le 150ᵉ degré au-dessous de zéro, correspond au 0° du thermomètre centigrade.

degrés R., à 25 degrés C.; 4 degrés R., à 5
degrés C. Pour convertir un nombre de degrés de *Réaumur* en degrés centigrades, il
faut augmenter ce nombre d'un cinquième.
Dans la comparaison des degrés de *Fahrenheit* et des degrés centigrades, il faut com-
mencer par retrancher des degrés de Fahrenheit le chiffre 32, afin de partir du même
point. 180 degrés de Fahrenheit équivalent
alors à 100 degrés centigrades, c'est-à-dire
que les degrés F, sont aux degrés centigrades comme 9 est à 5, et que chacun d'eux
est égale aux 5/9 d'un degré centigrade.
Pour convertir un nombre de degrés F en
degrés centigrades, il faut donc diminuer
ce nombre des 5/9.

Comme vous le voyez, il ne suffit pas,
pour indiquer les températures, de dire que
le thermomètre marque tant de degrés au-
dessus de glace ou au-dessous; il faut
faire savoir de quelle division thermométrique on parle.

Souvent on désire savoir quel est le degré le plus bas auquel soit descendue hors
de la portée de l'observateur, la colonne
thermométrique, ou bien quel est le degré
le plus haut où elle se soit élevée. Entre les
divers appareils qui peuvent répondre à ce

besoin, je ne vous en citerai que deux fondés sur l'emploi d'une sorte de petit flot-
teur qui soit mouillé ou ne soit pas mouillé
par le liquide. Imaginez, par exemple, un
petit tube horizontal à demi rempli d'esprit-
de-vin incolore, puis à l'extrémité de la
petite colonne horizontale d'esprit-de-vin
et plongé en entier dans le liquide, un petit cylindre d'émail que le liquide mouille.
Si le liquide se dilate, l'émail ne bougera
pas; mais si le liquide se resserre, se retire,
il l'acccompagnera dans son retrait, sans le
suivre dans ses dilatations ultérieures.
Ainsi, l'une des extrémités du petit cylindre
indiquera la plus basse température à
laquelle le liquide ait été soumis. C'est ce
qu'on appelle un thermomètre à *minima*.

Soit un autre tube pareillement horizontal,
à demi rempli de mercure; et, au bout de la
colonne liquide, un petit cylindre d'acier
que le mercure ne mouille pas, et qui, par
conséquent, n'y baigne pas. Le mercure
poussera ce petit cylindre, devant lui, lors
de sa dilatation et ne l'entraînera pas, mais
le laissera à sec, lors de son resserrement,
lors de son retrait. L'une des extrémités du
petit cylindre d'acier (non plus la même que
dans le petit cylindre d'émail) dira précisé-

ment qu'elle a été la plus grande dilatation du mercure. C'est ce qu'on appelle un thermomètre à *maxima*. Chacun de ces deux tubes horizontaux est gradué.

De toutes les dilatations, les plus considérables et en même temps les plus régulières, ce sont celles des gaz, de l'air, par exemple. Ce serait donc aux thermomètres à air que les indications les plus minutieuses et les plus précises devraient être demandées; soit à de l'air enfermé dans une boule, au-dessous d'une goutte de liquide coloré, mobile dans un tube capillaire; soit à de l'air inclus dans le vide imparfait d'une sorte de siphon barométrique.

Les observations du physicien *Charles* avaient établi que plusieurs gaz, l'air entre autres, se dilataient, entre 0° et + 100°, de trois millimètres par degré centésimal, ce qui fait, dans leur volume, une augmentation de 37 centimètres, de 0° à + 100°, ou d'un peu plus d'un tiers. Les observations de M. *Gay-Lussac* en France, et celles de M. *Dalton* en Angleterre, ont fait reconnaître que cette uniformité de dilatation, à température égale, avait lieu dans tous les gaz sans exception. Celles de MM. *Dulong* et *Petit* ont constaté que cette dilatation, égale entre les différents gaz, continue d'avoir lieu aux températures les plus basses et les plus élevées jusqu'à — 36° et + 300°; mais que l'uniformité de dilatation qui se vérifie dans un même gaz, de — 36° à + 100°, n'existe plus au-delà; que les dilatations deviennent décroissantes pour des accroissements semblables de température, comptés sur le thermomètre à mercure.

De tous les liquides le mercure est celui dont la dilatation approche le plus, en régularité, de celle des gaz. De — 36° à + 100°, il y a peu de différence entre les résultats numériques d'un thermomètre à mercure et ceux d'un thermomètre à air. Dans les cas extrêmes, le thermomètre à air devrait avoir la préférence sur tous les autres; malheureusement il reste encore à l'appliquer commodément.

La dilatation des corps solides, bien que beaucoup moindre que celle des gaz et des liquides, peut aussi servir de base à la construction d'instruments thermométriques. Notre tringle de fer, pour composer un instrument de ce genre, n'aurait besoin que d'être placée sur un support infusible, et de dispositions très-simples qui pussent amplifier l'effet de son allongement. Les thermomètres de cette espèce, plus usités dans les cabinets de physique que dans les arts, et destinés surtout à la mesure des plus hautes températures, sont distingués sous le nom de pyromètres (1).

Ployez en arc deux lames de métaux différents, soudées, à plat, l'une à l'autre. Lors de la dilatation plus grande de l'une d'elles (de celle qui forme la convexité de l'arc), l'arc se fermera ; il s'ouvrira, dans le cas contraire. C'est le fait que présente l'un des thermomètres métalliques les plus délicats et les plus commodes, celui de *Bréguet* : il offre une tige en spirale, composée d'une bandelette de platine et d'une bandelette d'argent réunies par une lamelle d'or qui est destinée à prévenir les ruptures. La spirale verticale est suspendue, par le haut, à un point fixe. Son extrémité

(1) Mot dérivé de celui qui désigne le *feu*, dans la langue grecque.

On emploi souvent, en ces occasions, ce qu'on appelle le *pyromètre de Wedgwood*, fondé sur le retrait que subissent à de hautes températures de petits cylindres d'une argile éprouvée à 100° C.; le retrait se mesure par la quantité dont ces cylindres avancent dans une rainure oblique entre deux règles de cuivre légèrement inclinées l'une vers l'autre. Dans la graduation de cette sorte de rainure, le 0° correspond à la température à laquelle le fer est rouge, au jour.

inférieure libre se termine en aiguille horizontale au-dessus d'un cercle, qui est gradué d'après la marche d'un thermomètre
très-sensible. Le métal le plus dilatable (l'argent) est en dehors : il fait resserrer le ressort sur lui-même et mouvoir l'aiguille. Cet
instrument accuse, avec une rapidité
extrême, les moindres variations de température (1).

L'inégalité de dilatation des métaux a été
mise à profit, en plusieurs circonstances,
pour compenser l'effet produit par cette inégalité elle-même. Si la verge d'un pendule
s'allonge, les oscillations sont ralenties;
l'horloge retarde. Si elle se raccourcit, les
oscillations sont accélérées; l'horloge avance.
En 1738, *Leroy*, en France, et *Ellicot*, en
Angleterre, obvièrent à cet inconvénient,
en empruntant le remède à la cause même
du mal. Il leur suffit que la verge, au lieu
d'être suspendue directement à un petit
châssis d'acier, fût soutenue, à l'intérieur
de ce châssis, au-dessous d'un second châssis, libre par le haut, formé d'un métal

(1) Sous le laminage, la triple bandelette arrive à n'a-
voir plus qu'une épaisseur totale d'un 50ᵉ de millimètre;
vous pouvez juger par là de la petitesse de dimensions
qu'il a été possible de donner à cet instrument.

d'une dilatation plus grande; de cuivre, par exemple. Pendant que la dilatation de l'acier fait descendre la lentille du pendule, la dilatation, de bas en haut, du cuivre, la fait remonter.

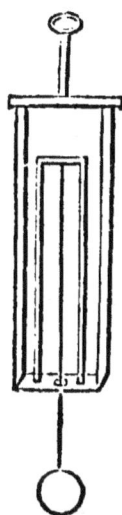

L'inégalité de la dilatation a été appliquée, sous une autre forme, aux chronomètres. Que deux lames droites, l'une de cuivre, l'autre de platine, soient fixées invariablement entre elles : au premier changement de température, le cuivre se dilatant davantage, la double lame aura une face plus longue et une face plus courte, une face convexe et une face concave. Que cette double lame soit suspendue horizontalement (le cuivre, en dessous) avec une petite masse à chaque bout, à l'extrémité de la tige d'un pendule, l'allongement ou le raccourcissement de la tige par les variations de température, seront *compensés* par la courbure en sens inverse de la double lame horizontale, et le relèvement ou l'abaissement de ses extrémités.

Dans les montres, le régulateur du mouvement est un balancier mû par un ressort spiral; que, par les variations de température, les dimensions du balancier varient, la montre avance ou retarde. On évite ces irrégularités en fixant au balancier des lames *compensatrices*, terminées par de petites masses en or.

Les changements de volume des métaux, presque entièrement imperceptibles sur une petite longueur, le sont beaucoup sur une grande. De là, dans les constructions, l'attention de leur laisser du jeu. C'est ainsi que dans la pose des tuyaux de fonte, on se borne à les faire entrer les uns dans les autres.

Entre autres exemples des usages auxquels on peut employer les changements de volume, M. *Péclet,* dans son *Traité de la chaleur,* cite celui que donna M. *Molard,* au Conservatoire des arts et métiers. Les deux murs d'une salle s'étaient inclinés sous la poussée de la voûte; il s'agissait de les rapprocher. M. Molard fit passer, au travers des deux murs, une barre de fer, écrouée, au-dehors, par de forts boulons. On chauffa la moitié de cette barre, à la flamme de plusieurs lampes; un allongement ayant lieu au dehors, on serra de nouveau l'écrou. Lors du refroidissement, le retrait du métal fit revenir en partie la

muraille. On renouvela cette opération sur
l'autre moitié de la barre, serrant de même
l'écrou lors de l'allongement ; par le refroidissement, le retrait du métal produisit le
retour partiel de l'autre mur. Après plusieurs épreuves successives, l'inclinaison
finit par disparaître entièrement.

D'après des expériences sur les dilatations
des corps solides, par *La Place* et *Lavoisier*,
de 0° à 100°, le verre et les métaux se dila-
teraient seulement de quelques *dix millie-
mes* de leur longueur ; les différentes sortes
de verre, de 8 à 9 ; l'acier non trempé, de
10 ; le fer doux, de 12 ; l'or de départ, de 14 ;
le cuivre de 17 ; le laiton, de 18 ; l'étain, de 19
à 21 ; l'argent de coupelle, de 19 ; le plomb,
de 28. Le platine ne se dilaterait pas, dans
ces limites, plus que le verre le moins dilatable.

Les faits que nous venons de voir nous
ont offert divers exemples du passage du calorique d'un corps à un autre corps contigu,
ou bien dans le même corps, d'une partie à
une autre. Par cette sorte de diffusion, le
calorique se répand de proche en proche,
comme ferait, a-t-on pensé, un liquide en
des conduits : de là le titre de corps *condus-*

teurs, à ceux dans lesquels cette transmission du calorique s'observe, et celui de *conductibilité* à cette propriété des corps, très-inégale de l'un à l'autre. A cette inégalité de conductibilité, se rattachent plusieurs faits que nous sommes tentés au premier abord de rapporter à une origine différente.

Un corps est *chaud*, d'après notre impression, lorsque l'échange du calorique, entre ce corps et le nôtre, se fait à notre avantage; un corps est *froid*, d'après notre impression, quand cet échange se fait à nos dépens. Mais entre les corps qui sont à la même température que ce corps chaud, ou bien à la même température que ce corps froid, il en est qui nous causent des impressions très-différentes. Prenez pour exemple les divers objets qui sont dans cette chambre; tous amenés à une température égale, inférieure à celle de votre main : vous trouvez, au toucher, le cuivre plus froid que le marbre, le marbre plus froid que le bois, le bois plus froid que la couverture de ce livre; ou devant le même feu, le carreau plus froid que le tapis, et cependant le thermomètre présenté à chacun de ces objets (1) reste

(1) A l'exception toutefois de ceux qui sont près du feu et de ceux qui sont exposés au courant d'air de la porte ou de la fenêtre.

invariable. D'où vient cette inégalité d'impression? de l'inégalité dans la transmission du calorique. Tous ces corps, de température inférieure à celle de votre main, lui prennent plus de calorique qu'ils ne lui en donnent; mais ce calorique, les uns lui livrent mieux passage, le *conduisent* mieux que les autres. Ils peuvent ainsi vous en prendre une plus grande quantité, dans le même temps. Le froid que vous ressentez, en cette occasion, vous apprend quels sont les *bons conducteurs* du calorique.

Supposons que les objets touchés fussent à une température plus élevée que votre main : le même fait aurait lieu en sens inverse. Les corps les plus froids tout-à-l'heure, seraient à présent les plus chauds et pour la même raison : les plus froids tout-à-l'heure, parce que, dans un temps donné, ils vous prenaient une plus grande quantité de calorique; les plus chauds maintenant, parce que dans un temps donné, ils vous cèdent une plus grande quantité de calorique. Cette conductibilité qui les faisait livrer passage au calorique, aux dépens des corps contigus, plus riches en calorique, les fait ici livrer, de même, passage au calorique, au profit des corps contigus plus pau-

vres. Touchez, par exemple, exposés au
même soleil d'été, et chauffés au même
degré thermométrique, du fer, de la pierre,
du bois, la chaleur du bois ou de la pierre
est supportable, mais celle du fer ne l'est
pas. Il brûle, en cet endroit, tout comme il
gèle l'imprudent qui le touche au milieu des
glaces du nord.

Que les objets touchés soient à la même
température que votre main, les corps conducteurs ne vous donnent pas plus que les
autres, d'impression de chaud ou de froid.
Il semble qu'il n'y ait pas de mouvement de
calorique, du moment que l'échange peut
se faire sur le pied de l'égalité.

D'après cela, au lieu de dire de certains
vêtements, de ceux de flanelle, par exemple,
qu'*ils empêchent le froid de pénétrer*, nous
devrions dire qu'ils empêchent le calorique
de sortir (du moins aussi rapidement qu'il
le ferait sans eux). C'est parce qu'ils sont
mauvais conducteurs de calorique qu'ils
nous tiennent chaud, l'hiver. Si la température de l'air était plus élevée que celle de
notre corps, ils nous tiendraient frais, empê-
chant le calorique d'entrer, comme ils
l'empêchent de sortir.

Les corps les plus denses sont, en général, les meilleurs conducteurs; les métaux sont au premier rang. La conductibilité de l'or étant représentée par 1000, celle du platine le serait, d'après M. *Despretz*, par 981; celle de l'argent, par 973; celle du cuivre, par 898; celle du fer, par 374; celle du zinc, par 363; celle de l'étain, par 304; celle du plomb, par 180. Des métaux aux pierres, la distance est ici très-grande. La conductibilité du marbre serait représentée par 24; celle de la porcelaine, par 12; celle de la terre des fourneaux, par 11. De là l'antique usage des briques dans la construction des fours.

Quant à la conductibilité du bois, elle est bien moindre encore. Un des moyens les plus simples d'estimer ces différences de conductibilité, c'est celui qu'*Ingenhoultz* employait, revêtant de cire des barres des diverses substances, qu'il chauffait ensuite au même degré, par une de leurs extrémités : la distance plus ou moins grande à laquelle la cire fondait, dans un temps donné, était l'expression de la conductibilité. Vous savez que vous ne pourriez tenir un morceau de fer de la longueur d'une grosse allumette, et, comme elle, rougi par le bout (1). De là, l'osier dont on recouvre l'anse des cafetières de cuivre; de là, les anses de bois des théières, les anses de bois des fourneaux portatifs, la poignée des fers à repasser, etc.

C'est à des matières ligneuses ou cornées que sont empruntés tous nos vêtements; mais c'est surtout quand, par leur texture, ces matières laissent entre elles beaucoup d'air, qu'elles sont pour notre calorique, comme pour celui des corps environnants, d'utiles barrières; tels sont le duvet, les plumes, les poils, les cheveux, la laine, le coton : l'air interposé et chauffé ne se renou-velle pas, et il n'est guère de corps plus mauvais conducteur. Les meilleurs vête-ments, ceux qui conservent le mieux le calorique interne, ceux qui nous préservent le mieux du calorique externe, ceux qui sont les meilleurs *isoloirs* du calorique, ce sont les vêtements d'air (2). De là, dans les pays froids, l'usage de murailles d'air, si je

(1) Cependant il est à remarquer qu'un fil métallique un peu fin peut-être tenu à la main à peu de distance de l'endroit où il est chauffé au rouge. Il suffit à l'or et au platine d'être en fil très-fin pour être mauvais con-ducteurs.

(2) La fraîcheur de la toile tient à la manière dont elle se comporte avec l'humidité de la transpiration.

puis dire ; de doubles fenêtres, de doubles
portes, de doubles cloisons, où de l'air est
emprisonné et immobilisé, soit seul, soit en
une sorte de matelas de crin, de laine, de
filasse. C'est encore à l'article du judicieux
emploi de l'inconductibilité des corps, qu'il
faudrait faire ressortir l'importance hygié-
nique des planchers de bois, des tapis, des
paillassons.

La conductibilité ne varie pas moins avec
la densité dans les liquides que dans les
solides. Plongez la main dans une caisse de
mercure, vous avez peine à croire que la
température n'en soit pas de beaucoup inférieure à celle de l'air environnant ; cependant un thermomètre, que vous y mettez,
y garde le même niveau. Au reste, dans ce
cas, le calorique que le mercure prend à
votre main, qui en a plus que lui, semble n'être en si grande quantité qu'en raison
du grand nombre de particules métalliques
contiguës à votre main. Il ne se transmet
guère au-delà.

C'est ici le lieu de le dire : les liquides et
les gaz présentent, dans leur échauffement,
en raison sans doute de la mobilité de leurs
particules, une particularité qui semble
exclure la conductibilité. Le comte de

Rumfort, dont le nom est indissolublement lié à toutes les recherches sur la chaleur et le chauffage, à multiplié les expériences, au commencement de ce siècle, pour établir que les liquides *ne conduisaient pas du tout* le calorique. — Mais, quand on met de l'eau sur le feu, comment la masse entière s'échauffe-t-elle, si le calorique ne se transmet pas d'une particule à une autre? — C'est par le déplacement des particules elles-mêmes. Les portions d'eau chauffées se dilatent, et, spécifiquement plus légères, montent, comme le liége, à la surface du liquide. Elles communiquent alors une partie de leur calorique à l'air qui leur est contigu, se resserrent, deviennent spécifiquement plus pesantes et cèdent la place à de nouvelles portions d'eau dilatées qui s'élèvent du fond, remplacées bientôt elles-mêmes, de la même manière. Chaque particule d'eau est ainsi successivement chauffée et dilatée, au fond, puis refroidie et contractée, à la surface ; mais, comme le feu communique plus de calorique que l'air contigu (sans cesse renouvelé, cependant) n'en peut prendre, la masse du liquide ne tarde pas à être chauffée tout entière.

Il suit de là que, si, au lieu de chauffer

une masse d'eau par en bas, nous la chauf-
fions par en haut, les particules supérieures,
dilatées et spécifiquement plus légères, ne
descendraient pas et que la chaleur ne se
communiquerait pas de haut en bas *par
déplacement des particules*, du moins dans
un repos parfait. Se communiquerait-elle
alors *par conductibilité?* Plusieurs épreuves
du comte de *Rumfort* semblent, à cet égard,
justifier son assertion parodoxale. C'est
ainsi qu'il parvint à convertir assez rapidement en vapeur la surface supérieure d'une
masse d'eau, tandis qu'un morceau de glace
restait au fond, sans se fondre. Dans une
autre expérience, un cylindre de fer, chauffé
à + 100°, fut porté dans un vase d'eau qui
renfermait un mamelon de glace, sans en
fondre la moindre partie.

Notre surprise tient à ce que nous ne
sommes pas habitués à chauffer l'eau par la
surface supérieure, et que nous n'avons pas
observé les mouvements qui ont lieu dans
les liquides, sur le feu.

Le moyen de rendre ces mouvements
visibles, c'est de mêler au liquide quelque
substance solide, à peu près de la même
pesanteur spécifique, qu'il entraînera avec
lui. Prenez par exemple, une fiole de verre

blanc, remplie d'eau froide, où se meuvent quelques grains de sciure de chêne, et plongez cette fiole dans un verre d'eau chaude : vous voyez aussitôt deux courants dans la fiole; l'un qui monte, le long de ses parois ; l'autre qui descend, au centre. L'eau chaude communique, à travers le verre, son calorique aux particules liquides les plus voisines qui se dilatent et, dès-lors spécifiquement plus légères, montent vers la surface, le long des parois. Arrivées au contact de l'air, elles perdent de leur calorique, se resserrent et, dès-lors spécifiquement plus pesantes, elles forment, en descendant, le courant central. Peu-à-peu vous voyez le mouvement se ralentir, à mesure que le liquide de la fiole et celui du verre approchent de la même température.

Retirez la fiole du verre d'eau chaude : la direction des courants est changée. C'est à présent le courant latéral qui descend et le courant central qui monte. C'est le même fait sous une autre forme; l'air froid est ici substitué à l'eau chaude.

Cette inconductibilité des liquides ou du moins, cette conductibilité imparfaite, nous explique la température constamment froide du fond des lacs, d'où il résulte que la surface ne gèle pas avant que la masse d'eau n'ait plus, intérieurement de particules spécifiquement plus légères qui puisse s'élever, au contact de l'air. Plus la masse d'eau est profonde, puis il faudra de temps pour qu'elle en vienne à geler à la surface.

L'eau présente, dans son accroissement de pesanteur spécifique, une sorte d'exception : c'est que sa plus grande contraction par le refroidissement, son maximum de densité, n'a pas lieu à 0°, mais à près de quatre degrés au-dessus de 0 (1). A compter de + 4°, la densité de l'eau diminue, au lieu d'augmenter jusqu'au point de la solidification, de sorte qu'à l'opposé de tous les autres liquides, *elle se dilate*, à cette température, *en se refroidissant*. Cela nous aide à concevoir comment il se fait que la surface des lacs gèle seule. Lorsqu'à cette surface, l'eau atteint + 4°, le mouvement interne, par accroissement de condensation, cesse ; l'eau ne se contractant plus à la surface, ne descend plus, de façon à exposer à

_____

(1) A + 8°, l'eau occupe le même espace qu'à 0°. C'est la plus grande densité de l'eau (de l'eau distillée) que l'on prend pour terme de comparaison, dans la mesure de la pesanteur spécifique des solides et des liquides. C'est aussi à un volume déterminé (à un centimètre cube d'eau distillée, à son état de plus grande condensation, qu'est empruntée la base des poids métriques, le *gramme.*

l'air une surface nouvelle. Cette surface
seule subit donc un refroidissement ulté-
rieur. Lorsque la glace est formée, elle sert,
étant mauvais conducteur du calorique, de
vêtement aux couches inférieures de liquide.
Si la mer ne gèle pas, c'est sans doute que
la gelée ne dure pas assez pour abaisser à
+ 4° une aussi grande masse d'eau. En
outre, l'eau qui tient, comme celle de la
mer, des sels en solution, ne gèle que bien
au-dessous de 0°.

Si des liquides nous passons aux gaz,
nous trouvons la même mobilisation des particules substituée, dans la propagation du
calorique, aux mouvements du calorique
lui-même. Au premier abord, on est tenté
de croire que la chaleur du soleil, en traver-
sant l'air, l'échauffe; mais on s'aperçoit
aisément qu'il n'en est pas ainsi. L'air n'est
pas plus chauffé par le calorique solaire qui
le traverse, que ne l'est la lentille de verre,
au moyen de laquelle vous le condensez
vers un même point. Il en serait de même
des vitres, si, comme l'air, elles étaient parfaitement transparentes (1). C'est de la terre

_____

(1) Vous pouvez objecter qu'en présentant au feu une
lame du verre le plus blanc, le calorique ne la traverse
pas sans l'échauffer. Il y a ici une distinction à faire
sur laquelle nous reviendrons tout-à-l'heure.

(et non pas directement du soleil) que vient à l'air son calorique. La terre et les objets qu'elle porte sont, en ce cas, comme un vase chauffé dans lequel l'air s'échauffe par le contact des parois.

La couche d'air, immédiatement en contact avec la terre, chauffée par elle et dèslors spécifiquement plus légère, s'élève, faisant place à une autre couche d'air, qui, par le contact de la terre, s'échauffe et monte à son tour. Vous pouvez observez ces mouvements à l'aide de la poussière fine que le soleil dore et que l'air ascendant ou descendant entraîne, comme l'eau, tout-à-l'heure, entraînait la sciure de chêne. De là le froid excessif et les neiges perpétuelles aes plus hautes montagnes : l'air chauffé par le contact de la terre, ne pouvant monter jusqu'à ces couches atmosphériques raréfiées qu'autant que sa raréfaction égalerait la leur, c'est-à-dire qu'autant que toutes les parties inférieures auraient été chauffées. C'est à ces dilatations et contractions de l'air par variations de température que sont dus tous ces mouvements, désignés sous les noms de *courants d'air*, de *vents*, *réguliers* ou *irréguliers*.

Mais continuons d'observer les mouvements du calorique et sa communication d'un corps à un autre. Supposons une barre de fer chauffée par un bout : le calorique sera *conduit* de proche en proche jusqu'à l'autre extrémité. Mais, là, s'arrêtera-t-il? s'arrêtera-t-il dans toute la longueur de cette barre, à la surface? se bornera-t-il à échauffer l'air contigu à cette surface?

Cette question nous conduit à l'observation d'un nouvel ordre de faits qui se renouvellent autour de nous sans cesse, mais que le thermomètre seul pouvait rapporter à leur véritable origine. Il s'agit du mouvement du calorique, à distance; de son mouvement, d'un corps opaque à un autre, à travers les corps transparents intermédiaires ou à travers le vide. Que ce mouvement ait lieu de la part des corps lumineux, tels que le soleil, la flamme, le charbon ou le fer rougis, personne ne l'ignore (1). Qu'il en soit de même d'un morceau de fer chauffé fortement, sans être lumineux, — le fer du coiffeur et celui de la repasseuse, approchés de la joue, le

---

(1) Vous savez, du reste, qu'*à distance* la flamme (gaz chauffé au blanc) donne bien moins de chaleur que le charbon rougi. Un feu flambant, un feu dans lequel le charbon rougi est en partie caché, n'est donc pas le plus avantageux *à distance*.

disent assez. Mais ce que l'on ne soupçonne
guère, c'est que le même fait s'etende à tous
les corps opaques sans exception, qu'elle
que soit leur température, de sorte que cet
envoi de calorique soit réciproque entre les
corps opaques placés en regard l'un de
l'autre. Ce que l'on ne soupçonne guère,
c'est que, par ce mouvement réciproque, un
échange continuel de calorique ait lieu, à
distance comme au contact, jusqu'à ce que,
par le fait d'une égale diffusion (et, si l'on
peut employer ici ce mot, d'une sorte d'*é-
quilibre*), les corps soient amenés à la
même température ; de sorte aussi, dans le
cas où l'un de ces corps est le nôtre, que
nous ne sentions plus, à distance, ni chaleur, ni fraîcheur.

On a donné le nom de *rayonnement* à
cette émission de calorique par les corps
obscurs comme par les corps lumineux : le
calorique paraissant agir, dans ce cas,
comme la lumière, que l'on suppose envoyée
en tous sens et en ligne droite, sous forme
de *traits* ou de *rayons invisibles*.

Par cette émission de calorique, *les corps
opaques qui, d'un côté, du moins, n'ont au-
devant d'eux aucun autre corps opaque*,
émettant du calorique sans en recevoir, se

3

refroidissent, de ce côté, indéfiniment. *Les corps opaques qui sont en présence, à température égale,* recevant, par cette émission de calorique, autant qu'ils dépensent, conservent la même température. *Des corps opaques à température inégale, qui sont en présence,* le plus chaud, émettant plus de calorique qu'il n'en reçoit, se refroidit ; le plus froid, recevant plus de calorique qu'il n'en émet, s'échauffe. Cela continue jusqu'à ce que, l'un ayant acquis ce que l'autre perd, et l'échange tournant toujours au profit du corps le plus froid, ils atteignent la même température et restent dès-lors stationnaires.

A l'émission de calorique, par l'un de ces corps, correspond une absorption de calorique, par l'autre.

Il ne faut pas confondre cette émission de calorique avec le renvoi pur et simple ou, comme on dit, avec la *réflexion de calorique,* qui a lieu à la surface des corps polis, placés devant un corps rayonnant. Ce renvoi est précisément l'inverse de l'absorption. Le calorique, dans ce cas, tombe et rebondit, en quelque sorte, sur la surface polie sans s'arrêter ni pénétrer. L'état thermal du corps réflecteur n'est pas changé (1).

La réflexion du calorique est un des faits les plus généralement connus. Elle a lieu, comme celle de la lumière, en faisant un *angle de réflexion égal à l'angle d'incidence.* Mettez un charbon allumé dans un tuyau de tôle, dirigé à angle aigu, je suppose, vis-à-vis un miroir plan, et placez un thermomètre dans la direction où le calorique serait renvoyé si la réflexion avait lieu sous un angle pareil, vous voyez aussitôt le thermomètre monter : en toute autre position, il reste stationnaire.

L'expérience peut également se faire à l'aide d'un miroir concave (2).

Si l'on place en A, un charbon rougi, la flamme d'une chandelle, — le calorique rayonnant, dont la direction est ici figurée par les plus longues lignes, sera réfléchi

(1) Cela ne doit pas être entendu absolument ; il n'y a pas de corps parfaitement réflecteur ou parfaitement absorbant. Toute surface polie absorbe une partie du calorique qu'elle reçoit, et de même, sans doute, toute surface absorbante réfléchit une partie du calorique qui lui arrive à distance.

(2) Le miroir concave, de forme sphérique ou parabolique, a, comme la lentille et la loupe, la propriété de faire converger et se rencontrer en un point les rayons lumineux ou calorifiques qui tombent sur sa surface.

dans la direction des lignes courtes qui,
toutes inclinées les unes vers les autres, en

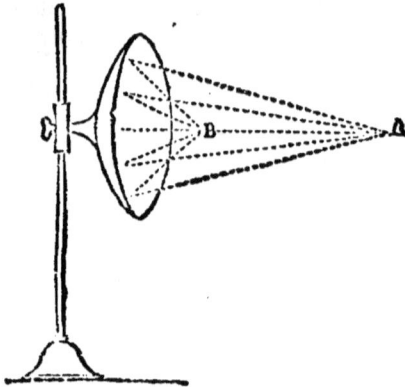

sens inverse des premières, se croisent et se
rencontrent en B. Que de l'amadou, l'extrémité soufrée d'une allumette, la mèche char-
bonnée d'une chandelle éteinte, ou bien
encore la boule d'un thermomètre, se trouvent là, ils attesteront qu'il y a, dans ce
endroit, autant de calorique qu'il en rayonne
de l'une des faces du corps A. Aucun autre
point ne produit ici le même effet. Appro-
chez la boule thermométrique du corps A,
vous voyez la colonne liquide baisser aussitôt. C'est qu'à ce point, à ce *foyer de réflexion*, toute la chaleur rayonnée par A, de
ce côté, est réunie. Faut-il ajouter que la
position du foyer serait autre, si l'on dépla-
çait le corps chaud; que s'il était en B, par

exemple, les lignes courtes de notre figure représenteraient les rayons calorifiques incidents (ou tombants); et les longues lignes, les rayons calorifiques renvoyés ou réfléchis. Ce serait alors en A que serait le foyer de réflexion et l'accumulation du calorique rayonné.

L'emploi des miroirs concaves, en réunissant ainsi le calorifique rayonné, permet d'en rendre les effets beaucoup plus apparents; c'est seulement pour le rayonnement des surfaces obscures que ce secours est nécessaire (1).

Deux miroirs concaves, placés l'un vis-à-vis de l'autre, à la distance de dix à douze pieds, nous peuvent donner le spectacle de l'échange de calorique, par rayonnement, entre deux corps placés à leur foyer, jusqu'à ce que l'égalité de température soit obtenue entre eux. La première expérience de ce genre est due à MM. *de Saussures* et *Pictet*. Au foyer de l'un des miroirs, était placée la boule d'un thermomètre (T); au foyer de

(1) Tout le monde a entendu parler des célèbres expériences du Jardin-des-Plantes, dans lesquelles *Buffon*, au moyen de miroirs concaves, formés de petites glaces, fondit tous les métaux avec de la chaleur solaire réfléchie, à 25, 30 et 40 pieds de distance du miroir; enflammant le bois à 200 et même à 210 pieds. Voyez son *Histoire naturelle*; 6ᵉ *mémoire*.

l'autre, uu boulet de 54 millimètres (B),
chauffé au rouge et refroidi au point de no

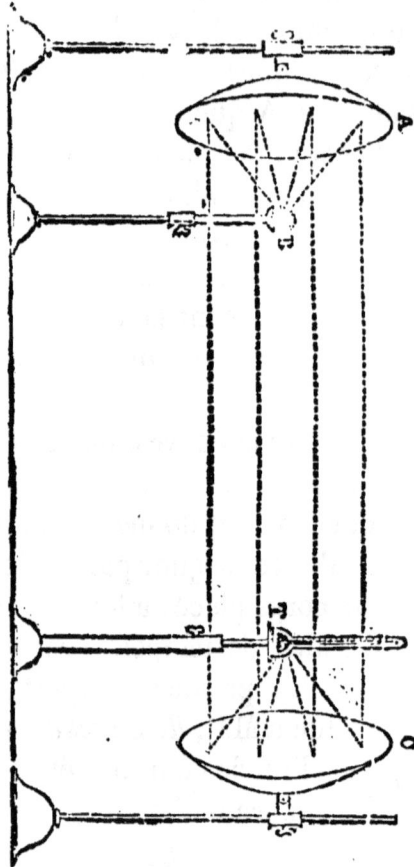

plus être lumineux dans l'obscurité. En six
minutes, le thermomètre monta de 10 degrés
et demi; tandis, qu'en dehors du foyer et au
voisinage même du boulet, il s'élevait, au

plus, de deux degrés. Les lignes pointillées vous indiquent la direction dans laquelle les rayons invisibles du calorique sont envoyés du boulet au miroir A ; puis, réfléchis vers le miroir concave C ; puis, une seconde fois, réfléchis, de ce dernier miroir vers la boule du thermomètre. Le boulet est-il remplacé par une petite bouteille d'eau bouillante : le thermomètre monte de même.

Veut-on séparer la lumière de la chaleur : l'on remplace le boulet par la flamme d'une bougie, et l'on interpose entre les deux miroirs une plaque de verre que la lumière traverse, mais dans lequel le calorique s'arrête, en partie du moins.

Qu'arriverait-il, si, laissant le thermomètre au foyer du miroir C, on substituait au boulet non plus de l'eau chaude ou la flamme d'une bougie, mais un morceau de glace ? — D'après ce que nous avons dit de l'échange continuel et inégal de calorique entre les corps qui sont (de près ou à distance) à des températures différentes, le résultat est facile à prévoir.

Dès que le morceau de glace est au foyer du miroir A, le thermomètre baisse, au foyer de l'autre miroir.

Cela voudrait-il dire que le froid est réflé-

chi? non, sans doute; mais que, dans l'échange
de calorique par rayonnement, les rôles sont
ici changés; que c'est, à présent, le thermomètre qui est le corps chaud; que c'est lui
qui fait office de boulet; que c'est lui qui,
donnant plus qu'il ne reçoit, s'appauvrit en
fait de calorique.

La glace, malgré les apparences contraires, émet aussi du calorique; mais elle en
reçoit du thermomètre plus qu'elle n'en
émet, et s'échauffe. Ce n'est donc pas à
une émission de froid par la glace, mais à
une émission de calorique (sans compensation équivalente) par le thermomètre, qu'est
dû son refroidissement.

C'est au même fait qu'est dû le refroidissement que nous éprouvons, à distance, de
la part des murailles en plâtre, en pierre, en
marbre; en un mot, de la part de tous les
corps opaques qui se trouvent d'une température plus basse que la nôtre. La surface de
notre corps se conduit alors comme le thermomètre vis-à-vis de la glace.

Les différents corps ou les surfaces différentes des mêmes corps supposés à une
température pareille, n'émettent pas, par
rayonnement, la même quantité de calorique.
Ce fait à été découvert à la fois, en 1804.

par *Rumford*, alors en Bavière, et par
Leslie, à Londres. Ces deux observateurs
ont été conduits par les expériences relatives
à la vérification de ce fait, à l'emploi d'un
thermomètre à air très-sensible et exclusive-
ment destiné à l'indication des changements
de température d'un point donné, indépen-
damment des variations thermales de l'air
environnant.

L'instrument, adopté par *Rumfort*, se
compose d'un tube horizontal, coudé, à
chaque bout, en un redressement vertical
que termine une boule. Une goutte d'esprit-
de-vin coloré est au milieu du tube horizontal. La moindre addition de calorique arrive-
t-elle à l'air de l'une des boules, l'air se dilate de ce côté, et fait voyager, vers l'autre,
la bulle de liquide. « La sensibilité de cet
instrument est si grande, écrit *Rumford*
(*Mémoire sur la chaleur*, p. 143) que, lorsqu'il se trouve à la température de 10° à 12°,
la chaleur rayonnante de la main, quand
elle est présentée *à l'une des boules*, à la
distance d'un mètre, suffit pour faire avan-
cer la bulle d'esprit-de-vin, de plusieurs
millimètres; et l'influence refroidissante
d'un disque métallique d'un décimètre, à la
température de la glace fondante, fait mar-

cher là bulle de liquide en sens contraire,
avec une vitesse très-visible à l'œil. » Le
tube horizontal est gradué, à droite et à
gauche, à partir de l'une et de l'autre extrémité de la bulle liquide, placée au milieu.

L'instrument de *Leslie* diffère à peine de
celui de Rumford. Le tube horizontal, entièrement rempli d'esprit-de-vin, est plus court.
Les deux redressements verticaux, également
ment terminés en boule, sont plus élevés.
L'un d'eux porte une échelle de graduation,
à partir du niveau du liquide, qui est le
même, au commencement de l'opération,
dans les deux branches.

Ces instruments indiquant la différence
de température entre les deux boules, dans
un milieu pareil, ont reçu le nom de *thermomètres différentiels*. Celui de Rumford est
distingué sous le nom de *thermoscope*.

Appliquons cet instrument à la mesure de
l'inégal rayonnement des diverses surfaces.

Pour cela, présentons successivement au
miroir concave de la page 52, différentes
surfaces, d'égale température (au point A,
je suppose), et plaçons *l'une des boules* du
thermomètre différentiel au point B. Pour
mieux satisfaire aux conditions de dimension et de température égales, dans les sur-

faces éprouvées, prenons, comme *Leslie*,
une seule et même boîte de ferblanc en
forme de dé ou de cube, et remplie d'eau
chaude. L'une des faces sera simplement
noircie avec du noir de fumée ; la suivante
sera recouverte de papier blanc ; la troi-
sième, d'une plaque de verre ; la quatrième
gardera son étamage. Tournons successivement chacune de ces faces vers le miroir.

Commençons par la face noircie : l'air de
la boule thermométrique se dilate considé-
rablement. Éprouvons maintenant le papier
blanc : l'air de la boule thermométrique se
rapproche un peu de sa dimension primitive.
Cette surface n'émet donc pas autant de
calorique que la surface noircie. Passons à
la surface de verre : le thermomètre indique
une émission plus faible de calorique. Avec
la surface de ferblanc, l'émission de calorique indiquée est plus faible encore.

Un léger refroidissement de l'eau peut
être pour quelque chose dans ce résultat.
Pour vous convaincre que ce refroidissement
est bien loin de jouer ici le rôle principal
(sans même renouveler l'eau et vous assurer
par un thermomètre qui y plonge, qu'elle
est à la même température), substituez à la
surface de ferblanc la surface noircie : l'air,

dans la boule du thermomètre différentiel, se dilate aussitôt plus fortement, bien que l'eau ait dû se refroidir encore davantage.

Vous voyez, par ces exemples, qu'entre un habit noir et un habit blanc, maintenus par la chaleur du corps à la même température, l'habit noir émettra beaucoup plus de calorique, en perdra plus par rayonnement, que le blanc, et conséquemment se refroidira plus vite.

Vous demanderez peut-être comment, avec cette inégalité de rayonnement, les corps peuvent arriver, dans leur échange de calorique à distance, à une température égale, et comment, arrivés à cette température et continuant de rayonner inégalement, ils ne se refroidissent pas au-dessous de la température des objets environnants. Cela tient à ce que les corps qui émettent le plus de calorique par rayonnement sont aussi ceux qui, dans cet échange à distance, en absorbent le plus.

Supposez quatre cubes de ferblanc remplis d'eau chaude et entièrement recouverts, l'un de noir de fumée, l'autre, de papier, l'autre, de verre, le quatrième, de son enduit d'étain poli; supposez, dis-je, ces quatre cubes dans une chambre, où tous les objets,

de loin et de près, seraient à la température
de l'eau chaude. Malgré leur inégalité de
rayonnement, ces cubes, noirs ou blancs,
ternes ou polis, n'éprouveraient aucun
changement de température, parce que
chacun d'eux absorberait du calorique en
proportion de son rayonnement.

Il n'en serait pas de même dans le cas où
les objets environnants seraient à une température plus basse. Supposez que le cube
noirci absorbât 400 rayons de calorique dans
le temps où le cube de ferblanc n'en absorberait que 200; si le premier en émettait
800, dans le temps où le second n'en émettait que 400, le cube noirci serait refroidi le
premier à la température des objets environnants. Du moment que l'égalité de
température serait établie, les deux cubes
recevant et donnant, l'un 400 rayons, l'autre
200, il n'y aurait plus lieu, pour eux, à un
changement de température. Le calorique
rayonné vers les corps, qui sont de *mauvais
rayonnants*, ces corps étant aussi de *mauvais absorbants*, est renvoyé, réfléchi vers
les corps qui l'envoient. Les mauvais absorbants sont les meilleurs réflecteurs.

Il est assez naturel que le pouvoir d'absorption soit en opposition avec celui de

réflexion ; que plus un corps accueille de calorique, moins il en repousse, et d'un autre côté, que le rayonnement corresponde à l'absorption ; qu'un corps émette d'autant plus qu'il reçoit davantage.

Vous voyez que, eu égard seulement à la perte de calorique par rayonnement, les métaux polis retiennent mieux la chaleur que les métaux ternes. Ainsi, par exemple, le brillant, dans les théières métalliques, ne serait pas sans avantage.

D'une autre part, plus la surface des corps que l'on veut faire chauffer est polie, moins ils absorbent de calorique, moins ils s'échauffent vite. De là le respect qui est dû à l'enduit extérieur des cafetières et des chaudières. Le plaisir de les voir briller est acheté aux dépens du combustible. Les habits qui rayonnent le plus (les habits noirs et bleus), les habits qui, par ce rayonnement, conservent le moins la chaleur du corps, sont aussi ceux qui absorbent le mieux le calorique envoyé du dehors, du soleil, par exemple, ou bien des corps que le soleil échauffe, l'été. Ils sont donc plus défavorables, en cette saison, que les habits blancs. Le blanc convient l'hiver, à l'ombre, et l'été, au

soleil. De cette façon, l'ours blanc du nord
à seul le costume qui convient aux saisons
extrêmes. Les habitants de l'Afrique sont
noirs en tout temps ; mais il est à remarquer
qu'une matière huileuse fait, pour eux, de
la peau, une surface réflectrice plutôt qu'absorbante. De même, les Lapons, selon *Rumford*, évitent, en partie, la déperdition de
calorique par rayonnement, au moyen de
divers enduits oléagineux.

Je vous laisse à penser quelles consé-
quences pratiques ressortent de ces faits
dans les usages économiques, dans l'enduit
des murs à espaliers, dans le revêtement
intérieur des cheminées, le revêtement extérieur des poêles, ou bien encore dans le
revêtement en pierre, en plâtre, en bois, en
papier, en étoffes, des parois intérieures de
nos habitations, des murs, du plancher, du
plafond ; dans l'usage des rideaux, des tours
de lits, des tapis. C'est sur l'inégale absorption des surfaces blanches et brunes qu'est
fondé le moyen très-simple dont on se sert,
dans les Alpes, pour accélérer la fonte des
neiges. Etendez sur de la neige des morceaux de papier de différentes couleurs.
Vous la verrez fondre d'abord sous les couleurs les plus foncées. Les montagnards,

dans ce but, se bornent à la saupoudrer de terre ou de cendre (1).

Entre les faits qui se rattachent à ces mouvements de calorique dont nous venons de parler ; il en est un qui, bien que connu de tout le monde, dans ses résultats, était resté, presque jusqu'à ce jour, inconnu dans ses circonstances principales : c'est le fait de la *rosée*.

Qu'est-ce, dans son résultat, que la rosée ? c'est l'humidité dont certains corps, tels que les feuilles, le papier, le bois, se recouvrent, après le coucher du soleil. Ce n'est ni un brouillard, ni une pluie ; ce n'est pas non plus une vapeur qui s'élève de terre. Qu'est-ce donc ? La condensation, le changement en eau de la vapeur invisible, que l'air tient en suspension : condensation analogue à celle que nous offrent, à l'intérieur, les vitres refroidies au dehors, l'hiver ; ou bien la bouteille que l'on apporte, l'été, parfaitement sèche, de la cave ; ou bien encore les murs de pierre, lors du dégel, alors qu'ils

_____

(1) Tout le monde sait que si l'on concentre la lumière et la chaleur du soleil sur un point, au moyen d'une lentille de verre (ou, comme on dit, d'un *verre ardent*), — du papier blanc, du linge blanc, de la laine blanche, s'échauffent à peine, tandis que du papier noir, du linge noir, de la laine noire, brûlent sur-le-champ.

qu'ils n'ont pas encore eu le temps, après les grands froids, de se mettre au niveau d'une température plus douce. Tous ces exemples ont cela de commun que les objets sur lesquels la vapeur d'eau suspendue dans l'air se condense et se dépose, sont d'une température plus basse que l'air qui les touche.

Mais, lors de la formation de la rosée, est-ce un fait que les objets où cette humidité se dépose, sont à une température plus basse que l'air qui les touche? On n'est guère tenté de le croire; car on ne voit pas, au premier abord, ce qui pourrait produire cette inégalité de température. Cependant l'analogie conduit à rechercher si cette inégalité de température se retrouve dans le fait de la rosée, quitte à lui chercher plus tard une cause.

L'expérience est bien facile. Il suffit de mettre un thermomètre en contact avec la substance qui se recouvre de rosée, et d'en suspendre un autre, en l'air, à quelque distance, au-dessus. Cette épreuve apprend qu'en effet *la substance qui se recouvre de rosée est plus froide que l'air.*

Reste à savoir si le froid précède la formation de la rosée ou la suit. Que la formation

de la rosée soit accompagnée de froid, tout
le monde le sait; mais on est généralement
porté à croire que le froid est l'effet et non la
cause.

La réponse à cette question est dans
l'examen des substances qui se couvrent de
rosée et de celles qui ne s'en couvrent pas.

Vous pouvez remarquer qu'il ne se produit pas de rosée à la surface des métaux
polis; qu'il s'en produit, au contraire,
beaucoup sur le verre, non-seulement à la
surface supérieure, mais parfois aussi à la
surface inférieure (ce qui, par parenthèse,
exclut l'idée d'une *chute* de haut en bas,
d'une pluie).

Le verre et le métal sont également polis.
Il faut donc chercher, dans leur texture, la
circonstance qui les distingue ici. Observez
d'autres corps polis : vous apercevez bientôt
que, parmi eux, ceux-là se couvrent le plus
de rosée qui sont les plus *mauvais conducteurs* du calorique; tandis que les corps polis,
bons conducteurs, ne s'en recouvrent pas.

Observez les surfaces rudes, ternes, inégales; vous trouvez de nouvelles distinctions.
Ainsi le fer dépoli, surtout s'il est peint ou
noirci, se couvrira plutôt de rosée que du
papier verni. L'état des surfaces a donc ici

beaucoup d'influence. Voyez les mêmes
substances que tout-à-l'heure, mais sans
poli : elles se rangent entre elles, dans un
autre ordre, par rapport à la quantité de
rosée qui s'y dépose. Les surfaces qui, par
rayonnement, émettent le plus de calorique,
sont, en cette occasion, celles qui prennent
le plus de rosée.

Considérons-nous les mêmes substances
sous le rapport de leur densité ; nous trouvons que les corps d'une texture serrée, tels
que les métaux, les pierres, sont peu favora-
bles à la production de la rosée ; que les
corps d'un tissu lâche, tels que le drap, la
laine, le coton, l'édredon, y sont très-favo--
rables. Les copeaux s'humectent beaucoup
plus que le bois massif. Ainsi donc, ce sont
ici les corps mauvais conducteurs qui prennent le plus de rosée.

Ces circonstances ne sont pas les seules
avec lesquelles la présence ou l'absence de
la rosée coïncide. On sait, par exemple,
qu'elle ne se dépose jamais beaucoup dans
les lieux abrités par de hautes murailles, ou
par des appentis, et qu'il ne s'en forme pas
du tout dans les nuits où le ciel reste couvert
de nuages. Les nuages laissent-ils, ne fût-ce
que pour quelques minutes, une portion du

ciel à découvert, un dépôt de rosée se forme aussitôt, au-dessous. Dans ce dernier exemple, la liaison de ce qui se passe au ciel et de ce qui se passe à terre, ne saurait être mise en doute. Un ciel découvert est donc une circonstance indispensable; un ciel couvert, un obstacle absolu.

C'est à ces diverses observations à rendre raison du fait que nous avons constaté, à savoir que, dans la formation de la rosée, *la surface qui s'en recouvre est à une température plus basse que l'air environnant.*

Les corps qui, à leur surface extérieure, émettent ou rayonnent le plus facilement leur calorique, et qui, en même temps, par leur peu de conductibilité, réparent le plus lentement cette perte, doivent évidemment se refroidir le plus, lorsque, leur calorique s'échappant par rayonnement, il ne leur en est pas rendu par réflexion ou par contre-rayonnement. Or, un ciel découvert offre justement la circonstance où cette perte de calorique sans compensation a lieu. Les nuages et les autres abris s'opposent au refroidissement des corps, en leur envoyant du calorique (1); mais, à ciel découvert, le

(1) Il ne faut pas s'étonner de la rapidité avec laquelle ces rayonnements et contre-rayonnements ont lieu, à

calorique, rayonné par ces corps, s'échappe sans retour.

La conclusion, c'est que la formation de la rosée, sur une surface, est due à ce que cette surface perd plus de calorique par rayonnement qu'elle n'en peut regagner, dans le même temps, par conductibilité dans son contact avec le sol ou bien par absorption, c'est-à-dire à la suite d'un contre-rayonnement. Cette surface devient ainsi plus froide que l'air qui la touche, et condense l'humidité que cet air tenait à l'état de gaz invisible.

Vous me pardonnerez, je pense, de m'être arrêté à cet exemple, où se trouvent résumés la plupart des faits que nous avons passés en revue tout-à-l'heure, et qui fournit matière à des vérifications faciles.

M. *Prévost*, dans ses *Recherches physico-mécaniques sur la Chaleur*, publiées en

de si grandes distances. Tout porte à croire que le rayonnement du calorique se fait avec la même vitesse que celui de la lumière; c'est-à-dire à raison de plus de 70,000 lieues par seconde. Que dans l'expérience du boulet et du thermomètre (page 54), un écran intercepte le rayonnement du corps chaud : les deux miroirs concaves fussent-ils à 30 mètres de distance, on n'aperçoit aucun intervalle entre le moment où l'on retire l'écran et l'effet des rayons, deux fois réfléchis, sur la boule thermométrique.

1792, avait fait remarquer que le passage d'un nuage, au-dessus de notre tête, dans une nuit sereine, fait à l'instant monter un thermomètre suspendu dans l'air. Il avait rappelé, en outre, qu'au printemps et en automne, il ne gèle pas quand le ciel est couvert. En 1777, M. *Pictet* avait vu le thermomètre monter de deux degrés, en janvier, lors du passage d'un nuage au-dessus. Son attention comme celle de M. *Prévost*, paraît s'être portée, surtout, dans ces observations, vers le fait d'un exhaussement de température par la présence des nuages, c'est-à-dire comme ces physiciens l'ont publié les premiers, par contre-rayonnement.

De 1800 à 1815, le docteur *Wells*, en Angleterre, reprit la même question, portant son attention sur les diverses causes du refroidissement de certains corps, à la surface de la terre. MM. *Prévost* et *Pictet* connaissaient aussi bien le rayonnement de la terre vers le ciel, que le contre-rayonnement des nuages. Cependant il semble qu'ils aient plutôt considéré, dans cette occasion, ce qui fait obstacle à la production de la rosée que ce qui la favorise; le contre-rayonnement d'en haut, que le rayonnement

d'en bas. Aussi n'est-ce guère que de la
publication des observations de *Wells* en
1815, que date l'analyse minutieuse de ce
fait important.

La rosée n'est pas le seul effet du refroidissement des objets terrestres, lorsqu'ils
rayonnent, sans réciprocité, vers les espaces
supérieurs. Sans parler de la perte de calorique que nous ressentons nous-mêmes, en
pareil cas, et que nous attribuons par erreur
à un refroidissement de l'air, — par une
semblable déperdition de calorique sans restitution, les bourgeons à demi épanouis, les
fleurs de pêchers, d'abricotiers, de ceri-
siers, etc., se dessèchent, gèlent ou brûlent.
De là sans doute le nom de *lune rousse*
donné à la lune qui, commencée en avril,
devient pleine en mai, accusée jadis par les
cultivateurs de jaunir et de roussir les fleurs
printanières, de les brûler de sa lumière.

Pour garantir les arbres fruitiers et les
légumes, de l'action supposée de la lune,
les cultivateurs couvraient les légumes de
paille ou de feuilles, dressaient des nattes
au-devant ou même seulement *au-dessus*
des arbres fruitiers. Le succès de leurs soins
venait confirmer leur croyance ; car, sous ces
vêtements ou sous ces abris, les fleurs étaient

préservées de la *brûlure*. Les physiciens, de leur côté, contestaient à la lumière de la lune cette puissance malfaisante; et de fait, en concentrant cette lumière, au moyen de lentilles de verre, on n'a jamais aperçu qu'elle affectât le thermomètre le plus sensible. Malheureusement les physiciens ne s'en tenaient pas là. Comme les agriculteurs, ils allaient au-delà de l'observation, reléguant la *lune rousse* parmi les chimères et déclarant superflues les précautions que l'on prenait contre elle.

Grâces aux expériences de MM. *Prévost* et *Piclet*, par rapport au contre-rayonnement des nuages, et à celles de M. *Wells*, par rapport à l'extrême refroidissement que subissent certains corps dépolis, colorés, dès-lors très-rayonnants, et d'ailleurs peu conducteurs, tels que sont les jeunes folioles, les pistils, les étamines, on sait aujourd'hui que les physiciens avaient raison contre la lune et que les agriculteurs avaient raison contre les physiciens. « Il est bien vrai, comme les agriculteurs le disaient, écrit M. *Arago* (*Annuaire du bureau des Longitudes, pour 1833; Des actions qu'exerce, dit-on, la lune*), qu'avec des circonstances thermométriques toutes pareilles de la part

de l'air, une plante pourra être gelée ou ne
l'être pas, suivant que la lune sera visible
ou cachée derrière les nuages. Leur erreur,
c'était d'attribuer cet effet à la lumière de l'as-
tre. La lumière lunéaire est ici le signe
d'une atmosphère sereine ; mais elle n'en est
que le signe. L'observation des agriculteurs
était incomplète. C'est à tort qu'on la sup-
posait fausse. Pour être dans la vérité, il
fallait reconnaître que, dans ces faits, la
lune est témoin et non pas acteur. »

Etendez un mouchoir sur quatre bâtons,
ou bien ouvrez un parapluie, vous voyez le
thermomètre marquer, au-dessous, trois ou
quatre degrés de plus qu'à l'air libre.

Les mouvements du calorique à distance,
nous le montrent se conduisant à tous égards
comme cette chose invisible et impalpable
qui, par son action, non plus sur toutes les
extrémités nerveuses, mais sur l'une d'elles,
l'œil nous donne les perceptions de couleur.
Comme la *lumière*, il se réfléchit ; comme
elle, il traverse le vide, l'air, le verre, l'eau ;
comme elle et avec elle, il s'infléchit dans
sa route, *se réfracte*, en passant d'un milieu
dans un autre d'une densité différente ;
comme elle, au moyen de cette réfraction, il
peut être recueilli et concentré à une cer-

4

taine distance d'une lentille de verre.
Cependant il ne se confond pas entièrement
avec la lumière.

Le calorique lumineux ou obscur, rayonné
par les objets terrestres, alors même qu'il
est dû à l'exposition de ces objets au soleil,
semble différer complètement du calorique
solaire, à l'égard de son passage à travers
les corps transparents : il est intercepté et
retenu par le verre ou les autres corps transparents et les échauffe, tandis que le calorique solaire les traverse sans les échauffer.
Mariotte en fit le premier la remarque.
Scheele la vérifia par un grand nombre
d'expériences curieuses. Les observations
plus récentes de M. *De la Roche* ont conduit
à reconnaître que le calorique n'était ainsi
retenu entièrement, au passage, que dans le
cas où la température de la source de chaleur était moins élevée ; qu'une portion de
calorique traversait le verre, lorque la température était plus forte ; que cette portion
de calorique, ainsi transmise, était plus considérable à mesure que s'accroissait la température de la source.

Depuis, un observateur, M. *Melloni*, a
appliqué à l'étude de la transparence des
corps pour le calorique, ou, si l'on veut, de

la *transcalidité* des corps, un instrument
plus sensible encore que le thermomètre
différentiel. C'est le *thermomètre galvano-
magnétique*. Cet appareil lui a permis de
constater, par rapports à la transcalidité des
corps, des faits entièrement inattendus; des
faits qui, non-seulement attestent que le calorique ne se conduit pas toujours comme la
lumière, mais encore font penser qu'il y a
plusieurs sortes de caloriques qui ne se conduisent pas les unes comme les autres.

───────

Jusque ici nous avons parlé du calorique
en mouvement; du calorique qui nous
impressionne, dans le cas, du moins, où il
n'est pas mobilisé par portions égales entre
notre corps et les corps attenants ou distants.
Il nous reste à parler d'un calorique immo-
bile, enfermé dans les corps, sans que, par
conductibilité ou par rayonnement, le thermomètre ou nos sens en soient le moins du
monde affectés.

Nous avons parlé, tout-à-l'heure, de l'absorption de calorique qui a lieu par un
corps en présence d'un autre qui émet ou
réfléchit du calorique; dans ce cas, le corps
absorbant rayonne autant qu'il absorbe; le

calorique absorbé ne reste pas en repos :
mobilisé par rayonnement et par conductibilité, ou bien, dans les liquides et les gaz,
par la mobilisation des particules dilatées et
allégées. Il nous reste à parler d'une absorption de calorique dans laquelle cette chose
essentiellement mobile est fixée pour plus
ou moins de temps. Comme vous le devinez
sans peine, une telle absorption a dû rester
longtemps ignorée. La découverte en date
seulement du siècle dernier. Hâtons-nous
d'arriver aux faits qui l'attestent.

Mettez dans un four chaud des poids
égaux de corps de diverse nature, par
exemple, un kilogramme de plomb, un
kilogramme de craie et un kilogramme de
lait. Ils s'élèveront graduellement à la température du four; mais le plomb y arrivera le
premier; la craie, la seconde, et le lait, le
dernier.

Peut-être supposerez-vous que cela tient
au volume inégal de ces corps; que le plomb,
étant le plus petit, est, par cela seul, chauffé
plus vite; n'oubliez pas que le plomb, offre
ainsi moins de surface au calorique rayonné
par le four et qu'il en reçoit, dès-lors, dans
le même temps, moins que la craie et le
lait.

On a tiré de ce fait une autre conclusion : c'est que des corps de nature différente, chauffés à la même température thermomé-trique, ne contiennent pas la même quantité de calorique; l'on a dit, en regardant ces différents corps comme des vases, que ces corps n'offrent pas, à poids égal, la même *capacité* au calorique. C'est ainsi, pour éclaircir cette comparaison par une autre, c'est ainsi qu'un litre de petites billes et un litre de petits cailloux, admettraient, sans augmenter de volume, des quantités de sablon très-inégales; auraient, pour le sablon, des *capacités* très-différentes. De même encore, si l'on plonge dans l'eau des morceaux de bois égaux en volume, le liquide s'introduit peu-à-peu dans les inters-tices de chacun d'eux; mais chaque espèce de bois admet une quantité d'eau différente; non-seulement en raison de la largeur de ses pores, mais encore selon que la matière dont ces pores sont construits, repousse l'eau ou l'attire. Les bois résineux, bien que très-poreux, auront, dans ce cas, très-peu de *capacité* pour l'eau.

Veuillez remarquer que, dans ce dernier exemple, on pourra connaître (à l'augmen-tation de poids, je suppose) si tel bois a, plus que tel autre, de *capacité* pour le liquide ajouté ; mais on ne connaîtra point, par là, quelle est la quantité totale de liquide [que le bois contient, parce qu'on ignore la quantité d'eau qu'il contenait avant l'immersion. Cette remarque s'applique à la mesure du calorique. L'expérience ne nous dit pas la quantité totale que les corps en renferment ; mais elle nous apprend que, pour passer de tel état thermométrique à tel autre état thermométrique, ils en admettent des quantités additionnelles différentes. Ces quantités peuvent servir à différencier entre eux les corps ; à les spécifier. De là le nom de *calorique spécifique*, au calorique admis dans les divers corps pour qu'ils produisent des effets thermométriques pareils. De là le nom de *capacité spécifique*, à cette admission de quantités de calorique différentes, pour une température égale.

L'inégalité de temps que les divers corps mettent, en des circonstances extérieures égales, à atteindre la même température, n'est pas la seule preuve de l'inégale *capacité* de ces corps pour le calorique. On pourrait même croire que cette inégalité de temps tient à la différence de conductibilité. Il est un autre moyen de s'assurer que les corps, en mon-

.tant à la même température, n'ont pas acquis des quantités égales de calorique; c'est de renverser l'expérience : de refroidir ces corps, de façon à recueillir et à mesurer le calorique qu'ils abandonnent.

Prenez pour exemple, les trois corps chauffés tout-à-l'heure; plongez-les dans trois masses d'eau égales, qui soient à la même température : vous estimerez la quantité relative de calorique que ces corps contiennent par celle qu'ils communiquent, en se refroidissant, à ces masses d'eau. L'eau dans laquelle vous avez mis le plomb est la moins échauffée; celle où vous avez plongé la craie, vient ensuite; l'eau la plus chaude est celle où se trouve le lait (1).

(1) D'où vient, demanderez-vous peut-être, qu'avec des *capacités* différentes pour le calorique, — le plomb, la craie, le lait s'arrêtent, dans le four, à une seule et même température qui est celle du four lui-même ? C'est un nouvel exemple de l'égalité d'échange de calorique (par rayonnement et absorption) entre les corps qui sont à des températures égales.

Nous ne devons pas nous étonner de voir le thermomètre garder le silence sur cette inégale absorption de calorique. La température d'un corps ne nous dit pas plus ce qu'il renferme de calorique, que la seule inspection d'un litre de cailloux ensablés, ne peut nous dire ce qu'il contient de sable; pas plus que la vue de convives dont la faim est également apaisée, ne nous dit la quantité de nourriture que chacun d'eux a prise.

Il est une autre manière de se convaincre de l'inégale *capacité* des corps pour le calorique. Mêlons un kilogramme d'eau et un kilogramme de mercure, l'une à + 50°, l'autre à + 100°. Quelle sera la température de la totalité? la moyenne entre ces deux chiffres, pensez-vous, + 75°. Il en serait ainsi de deux kilogrammes d'eau, ou de deux kilogrammes de mercure. Mais ici le résultat est bien différent : le mélange, au lieu d'être à + 75°, est à + 88°. Ainsi l'eau ne perd que 12 degrés, tandis que le mercure en gagne 38. D'où vous pouvez conclure que la *capacité* du mercure pour le calorique est moindre que celle de l'eau. Ici encore, comme dans l'exemple du plomb, de la craie, du lait, vous voyez le meilleur conducteur retenir le moins de calorique. La conductibilité est précisément l'opposé de cette sorte de liaison ou de combinaison par laquelle du calorique semble rester fixé dans les interstices des corps. Le mélange des liquides peut être, comme vous voyez, employé à la mesure de leurs *capacités spécifiques.*

C'est en notant la différence de temps que les divers corps mettent à s'échauffer au même point, que nous avons fait connais-

sance avec leurs capacités spécifiques. Nous
pourrions prendre pour mesure du même
fait, le temps que les divers corps mettent
à se refroidir. On enferme, pour cela, les
substances éprouvées dans un même vase
métallique à surfaces polies, et maintenu,
dans le vide, à l'abri de l'air froid. Ce procédé suggéré par *Mayer* et perfectionné par
Leslie, n'a obtenu toute la précision dé-ira-
ble qu'entre les mains de MM. *Dulong* et
Petit. Entre autres résultats, ces deux
observateurs ont trouvé que la capacité des
corps pour le calorique, va, dans chacun
d'eux, en augmentant, à mesure que sa
température s'élève. L'un des fruits les plus
précieux de leurs recherches, c'est que la
capacité des corps simples serait en raison
de leur densité; ce qui revient à dire que
les particules (ou les atomes) de ces corps
auraient tous la même capacité pour le calorique.

On prend, en général, la *capacité spécifique* de l'eau pour unité, et l'on y rapporte
celle des autres corps. Vous pouvez voir,
dans les ouvrages de physique, la table des
capacités spécifiques, mesurées d'après les
divers procédés qui viennent de nous occu-
per. — L'air et les différents gaz, comparés

sous une même pression, à même température et même volume, ont tous la même
capacité pour le calorique.

L'absorption de calorique qui a lieu à des
degrés différents dans les divers corps, pour
qu'ils soient élevés à la même température,
une fois faite, ne dure qu'autant que les
échanges de calorique avec les corps attenants ou distants, par conductibilité ou par
rayonnement, se font sur le pied de l'égalité.

Il est un autre fait dans lequel a lieu une
absorption du calorique, mais sans que cette
absorption change rien à la température des
corps, c'est-à-dire sans qu'il soit ajouté ou
retranché à la quantité de leur calorique
mobile, de leur calorique thermométrique,
de leur calorique sensible. Dans cet autre
fait, comme dans l'absorption du calorique
spécifique, les corps dont il s'agit recèlent
une certaine quantité de calorique, qui semble indissolublement unie ou même combinée avec eux, et fixe, au moins, dans certaines limites de température et de pression.
Le résultat de cette absorption de calorique,
ce n'est plus, en ces limites, du moins, un

état de dilatation ou de contraction, un état
de chaleur ou de froid, mais un état de texture ou de densité distinct; mais c'est assez
vous annoncer un fait qui a lieu sans cesse
autour de nous, à notre insu. Il est temps
de le montrer.

Mêlez un kilogramme d'eau froide à 0°,
avec un kilogramme d'eau chaude à + 75°.
Quelle sera la température de la totalité? + 37° et demi, c'est-à-dire la température moyenne des deux liquides composants.
L'eau chaude se trouvera, de la sorte, avoir
conservé 37° et demi : elle aura cédé les autres 37° et demi à l'eau froide. Ce résultat
n'a rien d'imprévu.

Répétons l'expérience avec une seule
modification. A notre kilogramme d'eau
à + 75° mêlons (au lieu d'un kilogramme
d'eau à 0°) un kilogramme de glace, également à 0°. En un mot, sans rien changer au
poids ni à la température des objets mélan-
gés, substituons, dans cet essai, un solide à
un liquide. Le kilogramme de glace baignée
dans l'eau chaude ne manquera pas de
fondre; et, en peu de temps, au lieu d'un
kilogramme d'eau, nous en aurons deux.

Mais quelle sera leur température? Suppo-
scriez-vous que ce soit comme tout-à-l'heure,
la moyenne entre 0° à + 75°, c'est-à-dire
+ 37° et demi; vous seriez bien loin de
compte.

La température de ces deux kilogrammes
d'eau sera seulement 0°. Il ne restera pas
trace des 75° que manifestait l'eau chaude.
La quantité de calorique que ces 75° repré-
sentent se sera interposée entre les particules de l'*eau solide*, associée, combinée avec
elles, de façon à ne les pas quitter pour augmenter la température des objets attenants
ou environnants. Il y aura donc, dans l'eau
liquide, une quantité de calorique qui la
distinguera de l'eau solide; du calorique
sans actions sur le thermomètre ou nos
organes; du calorique immobilisé, insensible, caché, ou, comme on dit avec un mot
latin, du calorique *latent*.

Ce calorique latent, la perte de calorique
sensible subie par notre eau chaude, nous
en donne la mesure. Notre expérience nous
apprend qu'un kilogramme de glace absorbe,
pour passer ou en passant à l'état liquide, la
quantité de calorique qui, accumulée,
comme calorique spécifique, dans un kilo-

gramme d'eau, porterait cette eau de 0° à
+.75° (1). .

On peut, au reste, observer ce fait directement. Que l'on mette dans une étuve
deux ballons séparés, égaux en poids et en

(1) Ce fait vous fournit un moyen de plus de mesurer
la capacité spécifique des corps pour le calorique;
moyen applicable dans le cas où le procédé des mélanges ne l'est pas. Si un corps, entouré de glace de tous
les côtés, transmet du calorique à cette glace jusqu'à ce
qu'il soit lui-même à la température de 0°, — en pla-
çant successivement divers corps, au milieu de a glace,
on aura, par le mesurage de la quantité d'eau formée,
la mesure de la quantité de calorique abandonné par les
divers corps pour un même abaissement de température.

L'instrument dans lequel *Lavoisier* et *Laplace* ont
mis les premiers, ce moyen en usage, a reçu le nom de
calorimètre. Le corps dont on désire connaître la capacité pour le calorique, est enfermé dans un vase creux
de métal, placé lui-même au centre d'une sphère de
glace, que l'on tient autant que possible, par les enve-
loppes, à l'abri des influences extérieures. L'eau qui
s'écoule de la glace est recueillie et mesurée avec soin.
Que les corps éprouvés soient tous à + 75°; la quantité
de glace fondue par chacun d'eux, comparée à celle que
produit un égal poids d'eau de + 75° à 0°, donnera leur
capacité spécifique, rapportée à celle de l'eau. Il ne s'a-
git plus ici d'un indicateur de température, mais de la
mesure des quantités de calorique nécessaire (et différentes d'un corps à un autre pour que tel changement
de température soit obtenu; il s'agit d'un *thermomètre
du calorique spécifique*. Faut-il ajouter que cet instrument ne nous apprend rien sur les quantités de calo i
que incluses dans les corps, au-dessous de 0°.

volume, dont l'un contienne un demi-kilogramme de glace à 0°, et l'autre un demi-kilogramme d'eau à 0°. Au moment où cette eau arrive à + 75°, la glace de l'autre ballon est entièrement fondue, et la température de l'eau, en laquelle cette glace est convertie, est encore de 0°. Ces ballons, placés dans les mêmes circonstances, ont dû recevoir des quantités de calorique égales, et cependant l'un d'eux présente un excédant de 75°. La quantité de calorique à laquelle cette température répond, pour l'eau, est donc incluse dans l'eau à l'*état latent*, alors même que l'eau est, à la température la plus basse, à 0°

L'eau n'est pas toujours plus chaude que la glace : elle peut se maintenir à 0° et même, en quelques circonstances, à plusieurs degrés au-dessous de 0°, sans se solidifier. La glace peut rester à 0°, sans fondre. La différence essentielle, bien que longtemps inaperçue, c'est que l'eau liquide renferme, de plus que l'eau solide, la quantité de calorique équivalente à 75° de température thermométrique.

La découverte de ce fait remonte à 1757 et est due au docteur *Black* : c'est l'une des plus remarquables de la physique moderne.

Elle conduit à regarder les liquides comme
composés de la matière qui forme le corps
solide, et de calorique, *sans que l'addition
de ce dernier ingrédient change rien au
poids ni à la température du composé* (1).
Voulez-vous voir, dans ce cas (comme dans
celui du calorique spécifique) le calorique
occupé à remplir les interstices d'un corps,
à la manière du sablon entre les cailloux :
vous pourrez dire qu'un corps, à l'état liquide, a une bien plus grande capacité pour
le calorique absorbable que le même corps
à l'état solide. Cette énorme absorption de
calorique, lors du passage d'un corps de
l'état solide à l'état liquide, ne serait ainsi
qu'un exemple de l'inégalité de capacité
pour le calorique.

En physique, comme en tout autre étude,
c'est assez de lire pour apprendre ; ce n'est
pas assez pour retenir. Il faut avoir été
témoin des faits, sinon pour y croire, du
moins pour qu'ils se gravent profondément
dans la mémoire. Rien, du reste, n'est si

(1) Jusqu'à cette découverte, on avait toujours pensé,
la glace fondante à 0°, qu'il suffisait, à cette temp'rature,
d'une faible addition de calorique pour opérer la fusion.
On ne se doutait pas qu'il ne fallait pour cela rien
moins que la quantité de calorique qui élève de l'eau
liquide de 0° à + 75°.

simple que de vérifier la mémorable observation du docteur *Black*.

. Remplissons de neige une bouteille de
verre blanc, amenons-en la température par
l'un des procédés que nous signalerons plus
loin, à cinq ou six degrés au-dessous de 0,
comme l'indiquera un thermomètre que
nous y avons plongé. Exposons la bouteille
à la flamme d'une lampe. Vous voyez le
thermomètre monter jusqu'à ce qu'il attei-
gne 0°; mais il s'y arrête, et cependant la
lampe continue de brûler au-dessous de la
bouteille. — Voici la neige qui fond. Le
thermomètre ne devrait-il pas s'élever au-
dessus de glace? — Vous avez sous les
yeux un exemple de cette grande absorption
de calorique dont nous venons de parler.
Le calorique, ajouté sans interruption par
la lampe, est employé tout entier à convertir
la neige en eau, à remplir la capacité de
l'eau liquide, pour le calorique, capacité
bien plus grande que celle de l'eau solide.
En un mot, ce calorique tout entier devient
latent.

Voici la neige entièrement fondue. Le
thermomètre recommence à monter. Le calorique, qui s'ajoute maintenant à l'eau,
n'est pas fixé, immobilisé en elle : il se com-

munique par conductibilité et par rayonnement. Vous remarquerez sans doute que le
thermomè re ne s'élève pas aussi prompte-
ment dans l'eau, qu'il le faisait dans la
glace avant qu'elle commençât à fondre.
C'est une nouvelle preuve que la capacité
de l'eau pour le calorique est plus grande
que celle de la glace; qu'il faut, même
après sa grande absorption à 0°, plus de
calorique qu'à la glace, pour élever sa température d'un degré thermométrique.

Voici l'eau qui commence à bouillir :
vous voyez le thermomètre arrêté de nouveau ; la lampe continue de brûler sous la
bouteille, et le thermomètre ne monte plus :
il est à + 100° et il y reste. Que devient le
calorique ajouté sans interruption par la
flamme ? Il se fait un nouveau changement
dans la capacité de l'eau pour le calorique,
et, dans ce changement, l'eau, non plus à
l'état de liquide, mais à l'état de vapeur
invisible, ou mieux, de *gaz aqueux* (1),

(1) Il ne faut pas confondre la *vapeur d'eau invisible*,
le *gaz aqueux*, qui ne reste pas à l'état de gaz (par la
pression atmosphérique ordinaire), au dessous de +
100°, avec sa condensation, dans l'air, sous forme de
fumée blanche, de nuage, de brouillard. Cette fumée, si
l'on regarde au travers, au microscope, quelque surface
noire, n'offre qu'un amas de petites bulles qui enferment

absorbe le calorique ajouté par la flamme au thermomètre, au liquide. Ce calorique reste fixé, immobilisé dans le gaz qui se forme. C'est un nouvel exemple de *calorique latent.*

Combien l'eau à l'état gazeux contient-elle de calorique latent de plus que l'eau liquide? Une expérience inverse va nous l'apprendre. Il nous suffit de refroidir cette vapeur, cette eau invisible, au-dessous de + 100°. Le gaz aqueux, condensé, repa-raîtra sous forme liquide. Le calorique, précédemment absorbé lors de la formation du gaz, sera dégagé. Rendu à sa mobilité première, il passera aux corps environnants

de l'air comme la pellicule aqueuse des bulles de savon.

Nous avons ici l'occasion de remarquer ce qui se passe, dans le fait de l'*ébullition* de l'eau. Notre bouteille de verre blanc nous laisse voir des choses que les bouilloires opaques ne permettent pas de distinguer. Vous pouvez reconnaître, par exemple, que le gaz aqueux se forme au fond du vase et traverse, sous forme de bulles, la masse entière du liquide. Les petites bulles, au commencement du chauffage, sont de l'air qui était, soit en solution dans l'eau, soit adhérent aux parois du vase. — Dans l'évaporation, le gaz aqueux se forme à la surface du liquide, par une sorte de solution aérienne : la seule condition est que l'air contigu n'en soit pas déjà *saturé*; ce qui sera d'autant moins que l'air sera plus rapidement renouvelé. C'est ainsi que les mouvements de l'air favorisent l'évaporation.

et modifiera leur état thermal. Si la vapeur invisible, qui s'élève de notre bouteille, tant que le thermomètre y reste à + 100°, est conduite à travers un tube, dans un verre d'eau froide, en peu d'instants, l'eau du verre devient chaude. D'où vient cet échauffement si rapide? Le gaz n'a-t-il produit cet effet que parce qu'il est à la température de + 100°, et n'a-t-il agi, dans ce cas, que de la façon qu'aurait agi un égal poids d'eau de + 100°, mêlé à cette eau froide? Mais que serait un égal poids d'eau? Une goutte peut-être (1). Une goutte d'eau à + 100°, une goutte d'eau bouillante, eût-elle si fort changé la température de ce verre d'eau?

Si ce gaz échauffe si rapidement l'eau froide, c'est parce qu'il s'y change en liquide, c'est parce qu'il y redevient eau; c'est parce que l'eau possède une bien moindre grande capacité pour le calorique; c'est parce que la quantité de calorique que

(1) Un litre d'eau, transformé en gaz (à + 100° et sous une pression atmosphérique égale à une colonne de mercure de 76 centimètres), occuperait 1696 litres 4 décilitres, d'après les expériences de M. *Gay-Lussac*. Est-il besoin de dire que le volume de ce gaz augmente, comme celui des autres gaz, avec la température.

l'eau gazeuse contenait absorbée et que
l'eau liquide ne peut contenir, devient libre
et se communique aux corps environnants.
L'échauffement de l'eau du verre est donc
dû, pour la plus grande partie, au calorique
latent du gaz aqueux, redevenu libre. Cette
quantité de calorique est énorme. Si nous
faisions traverser 5 kilogrammes et demi
d'eau froide à 0°, par un seul kilogramme
de gaz aqueux, de vapeur d'eau invisible
à + 100°, cette vapeur redeviendrait liquide
et nous aurions 6 kilogrammes et demi
d'eau à + 100°.

Ainsi donc dans la composition d'un kilogramme de vapeur il entre, à l'état latent,
la quantité de calorique nécessaire pour
porter un kilogramme d'eau (dont on em-
pêcherait l'évaporation) de 0° à + 550°, ou
cinq fois et demi la quantité de calorique
nécessaire pour porter un kilogramme d'eau
de 0° à + 100°.

Partout où un kilogramme d'eau à 0° se
transforme en vapeur, il doit emprunter,
pour que cette transformation ait lieu, et il
emprunte en effet sur les corps environnants,
de 550° de calorique. Ces 550° de calorique,
la vapeur les restitue intégralement aux
surfaces sur lesquelles sa condensation en

cau s'opère. Voilà, pour le dire en passant,
tout l'artifice du chauffage à la vapeur, soit
que l'on fasse (comme nous l'avons fait,
tout-à-l'heure, dans le verre d'eau froide)
arriver le gaz aqueux dans le liquide même
que l'on veut chauffer, soit que l'on veuille
seulement chauffer des surfaces métalliques
sur lesquelles la condensation a lieu, des
tuyaux, de doubles cloisons, etc. Ce chauffage indiqué en Angleterre, en 1745, par le
colonel *Cook*, fut appliqué, pour la première
fois, en grand, par *Watt*, en 1783, dans sa
maison. Notre verre d'eau froide, si rapidement chauffé, vous montre avec quel avantage le *calorique latent* de la vapeur peut-
être appliqué au chauffage des bains, à la
cuisson des aliments, au chauffage des édifices particuliers et publics, au séchage du
linge, aux infusions tinctoriales, à la dessic-
cation de la poudre, à la distillation des
vins. « On se fait une idée inexacte de ce
procédé, écrit M. *Arago* (*Éloge historique
de Watt*), quand on suppose que le gaz
aqueux ne va porter au loin, dans les tuyaux
où il circule, que la chaleur sensible ou
thermométrique. Les principaux effets sont
dus à la *chaleur de composition*, à la *chaleur cachée*, à la *chaleur latente*, qui se dé-

gago au moment où le contact de surfaces
froides ramène la vapeur, de l'état gazeux,
à l'état liquide. »

Ainsi donc, lors du passage de l'état solide (1), absoı ption d'une grande quantité
de calorique aux dépeus des corps environnants. Lors du retour de l'état liquide à
l'état solide, dégagement de la même quantité de calorique, au profit des corps environnants. — Lors du passage de l'état
liquide à l'état gazeux (2), absorption d'une
énorme quant.té de cılorique, aux dépens
des corps environnants. Lors du retour de
l'état gazeux à l'état liquide, restitution de
cette énorme quantité de calorique.

L'observation de ces changements d'état
a plus d'un fait à nous montrer qui contre-
dit les idées communes. Il est assez bizarre,
par exemple, dans le cas où la solidification
a lieu par refroidissement, que cette solidification soit accompagnée d'un dégagement

(1) Ce changem ınt d'état a lieu, dans le mercure, à
près de — 39°; dans l'eau, à 0°; dans le phosphore, à
+ 40°; dans le pctassium, à + 58°; dans le soufre, à
+ 108°; dans l'étain, à + 22J°.

(2) Ce changement d'état a lieu, dans l'acide sulfureux,
à — 10°; dans l'éther, à + 36°; dans l'esprit-de-vin,
à + 78°; dans l'eau pure, à + 100°; dans l'acide sulfurique, à + 326°,

de chaleur. Peut-être serez-vous curieux de
sentir la chaleur dégagée par l'eau, au moment de sa transformation en glace. C'est
une expérience à réserver pour le mois de
janvier. Il vous suffira de mettre un thermomètre dans un verre d'eau. L'eau perdant
de son calorique libre, vous verrez le thermomètre descendre. Vous pourrez même,
si l'eau est parfaitement en repos, y voir le
thermomètre descendre au-dessous de 0°.
Que la congélation commence, vous verrez
le thermomètre remonter à 0°. Le liquide
restant acquiert, en ce cas, le calorique
abandonné par celui qui se solidifie.

Voici un autre exemple du même phénomène : prenez une forte solution de sulfate
de soude, contenue dans une fiole, que l'on
a bouchée au moment où le liquide bouil-
lait. Par le refroidissement, la vapeur qui
remplissait le col de la fiole s'est condensée,
et la partie supérieure est ainsi à peu près
vide. La secousse que produit la rentrée de
l'air suffit pour que le liquide soit, en un instant, changé en solide. La quantité de calorique dégagée est si grande que l'on peut à
peine tenir le verre.

L'extinction de la chaux présente un autre exemple du dégagement de calorique,

lors du passage de l'état liquide à l'état solide. Vous savez quelle chaleur se produit
quand on verse de l'eau sur la chaux vive.
Cette chaleur est due au *calorique latent* de
l'eau qui, dans ce cas, passe de l'état liquide
à un état de solidification plus dense encore
que dans la congélation. Le même fait a
lieu, à des degrés divers, dans l'auge du
maçon, par exemple, lors de la solidification
de l'eau qui se combine avec le plâtre (cal-
ciné ou *cuit*, c'est-à-dire privé d'eau).

A l'absorption du calorique qui a lieu
dans le passage de l'état liquide à l'état
gazeux sont dus plusieurs faits journelle-
ment éprouvés.

C'est à l'évaporation de l'eau qu'il faut
attribuer le froid que vous ressentez en éten-
dant le bras hors d'un bain d'eau tiède, la
fraîcheur que produit l'arrosage des rues, le
refroidissement de l'eau dans les bouteilles de
terre poreuse en usage dans les pays chauds.
Plus l'évaporation est rapide, plus le froid est
vif. On en a un exemple dans la sensation
de froid instantané que produit à la surface de la peau, sous l'action d'un courant
d'air ou de souffle, l'évaporation de l'eau de
Cologne, et mieux encore celle de l'éther

Ce même phénomène de l'absorption du

calorique, par changement d'état au-dessus des corps environnants, a permis de produire artificiellement des froids aussi rigoureux que ceux des régions polaires.

On peut constater le refroidissement qu'accompagne la liquéfaction des corps solides, en faisant dissoudre dans l'eau du sel, du salpêtre, de l'alun, du sulfate de soude. Un thermomètre plongé dans le liquide accuse ce refroidissement et en indique la mesure.

Dans la liquéfaction du mélange d'*une partie* de sel ordinaire et de *trois parties* de neige ou de glace pilée (d'un kilogramme de l'un, par exemple, et de trois kilogrammes de l'autre), le froid produit peut aller de 0° à — 20°; à — 20°, l'eau gèle et se sépare du sel. C'est le procédé dont se servent les glaciers, et auquel on a le plus souvent recours dans les laboratoires. Au moyen de ce froid, on peut, en toute saison (beaucoup mieux qu'en plein air au mois de janvier), se procurer de l'eau liquide de 5 ou 6 degrés au-dessous de 0°, pour l'expérience dont nous parlions tout-à-l'heure (page 95).

Le plus grand froid, obtenu de cette façon, est celui que produit, en se liquéfiant, le mélange du chlorure de chaux, bien desséché et en poudre fine, avec moitié, les deux

tiers ou tout au plus une égale quantité de neige. Ce mélange se fait dans un vase de *bois*, entouré d'un autre rempli de neige et de sel. La liquéfaction prend aux corps environnants 50 à 55 degrés de chaleur. Quelle ait lieu aux dépens du *calorique latent* du mercure, il se solidifie, il cristallise.

Vous trouverez dans les livres de physique l'indication d'un grand nombre d'autres mélanges réfrigérants, tous fondés sur le même fait. Les proportions des substances à mélanger ne sont pas toujours indifférentes. Ainsi huit parties de neige et dix d'acide sulfurique faible donnent un froid de — 55°, à — 68°; tandis qu'une partie de neige et quatre d'acide produisent une chaleur suffisante pour vaporiser, en partie, l'eau du mélange.

Les faits que nous venons de voir, nous montrent qu'à l'état thermal des corps est intimement lié leur état physique, leur structure, leur texture. Réciproquement, à leur état physique est intimement lié leur état thermal. Chauffez un liquide ; vient un moment où de l'état liquide, il passe à l'état de gaz. Diminuez la pression à laquelle un liquide est soumis, il passe de l'état liquide à

l'état de gaz, Que la *gazéification* ait lieu
par application de chaleur ou par diminution de pression, le résultat est le même : ce
résultat, c'est une absorption de calorique
qui peut être telle que les corps environnants
passent, en sens inverse, de l'état gazeux à
l'état liquide, ou même à l'état solide. Voici
donc la dilatation et surtout la gazéification,
— par diminution de pression, — à compter entre les procédés de refroidissement
artificiel.

Que de l'air soit comprimé par un piston
dans un petit cylindre de cuivre : le calorique que cet air (à son premier état d'expansion) tenait absorbé, est, en partie, exprimé,
comme l'eau d'une éponge que l'on presse.
Sa quantité, sous une impulsion un peu vive,
peut être telle que de l'amadou, attaché au
piston, revient allumé. Cet appareil compose un briquet très-simple qui a eu beaucoup de vogue, il y a quelques années. Vous
pouvez imaginer une pression telle que la
totalité du calorique, qui existe à l'état latent, dans l'air, en serait extrait, de façon
que l'air passerait à l'état liquide. M. *Fara-
day* a réalisé cette idée, il y a quelques années, à l'égard de plusieurs gaz que l'on
décorait, comme l'air, du titre de *gas per-*

manents, mais qui ne sont tels que sous une certaine pression et dans certaines limites thermométriques; de même que la vapeur d'eau est un gaz permanent à toutes les températures supérieures à +100°.

Quant à la diminution de la pression, au-dessus des liquides ou des gaz, il y a deux manières de l'obtenir : l'une, c'est d'agrandir l'espace, ce qui aurait lieu, par exemple, pour de l'air qui se trouverait sous le piston au fond d'un cylindre fermé par le bas, quand on élèverait le piston. L'autre, c'est de faire sortir une partie de l'air inclus dans cet espace, d'y faire un vide partiel. Dans les deux cas, le thermomètre, si sensible, de *Bréguet*, annonce, à l'instant, un refroidissement de 20 à 25 degrés. Ainsi, une dilatation ne peut avoir lieu dans les gaz, sans que du calorique soit pris aussitôt aux corps environnants pour remplir, en quelque sorte, les interstices que cette dilatation élargit; de même que du calorique ne peut-être communiqué aux gaz, sans que cette même dilatation s'ensuive.

L'air qui nous entoure est à l'état de ressort comprimé sous le poids des couches aériennes supérieures. Cette pression qui **maintient cet air à l'état de densité où nous** le voyons, fait obstacle à la gazéification des liquides. Si cette pression est moindre, soit par la soustraction d'une partie de l'air qui remplit un espace déterminé, soit par agrandissement de cet espace, sans addition d'air, soit enfin en faisant l'expérience à une plus grande hauteur dans l'atmosphère (1), la gazéification a lieu à un degré thermométrique inférieur, ou même sans chauffage apparent. Dans ce dernier cas, vous devinez sans peine que le gaz formé a pris son calorique latent, aux corps environnants; que la gazéification a coïncidé avec une notable production de froid.

Faisons bouillir de l'eau dans une fiole qui porte un bouchon traversé par un tube tiré à la lampe; la vapeur chassera l'air de la fiole et du tube. Fermons l'extrémité de celui-ci, en le fondant, et laissons refroidir la fiole. Il reste au-dessus du liquide, un espace vide ou tout au plus rempli de vapeur d'eau. Que la fiole soit plongée dans de l'eau glacée, l'eau qu'elle a gardée bout aussitôt, le vide étant refait par la condensation de la vapeur.

(1) Dans l'hospice du Saint-Gothard, sur les Alpes, l'eau bout à 92°, et à 84° dans la métairie d'Antisana, sur les Andes.

Qu'un peu d'eau soit placée dans une petite tasse sous la cloche de la machine pneumatique; dès que l'on y fait le vide, de la vapeur d'eau traverse le liquide comme s'il était sur le feu, et en sort, mais non pas assez vite pour que l'absorption qui a lieu, aux dépens des objets environnants, aille jusqu'à solidifier l'eau restante. La vapeur formée est elle-même un obstacle à la vaporisation ultérieure. Mais si la vapeur formée était détruite au fur et à mesure; si le vide était refait sans cesse (le moyen, c'est de mettre sous la cloche une substance qui ait une grande affinité pour l'eau, par exemple de l'acide sulfurique). Le bouillonnement interrompu, un instant, par la pression qu'exerce sur le liquide la vapeur formée, recommence de lui-même, quand cette vapeur s'est combinée avec l'acide sulfurique. Des cristaux de glace ne tardent pas à paraître à cette même surface tout-à-l'heure bouillonnante.

La destruction de la vapeur formée peut être obtenue sans acide sulfurique, par simple condensation. Supposons que l'eau soit dans une boule de verre A, au bas d'un tube recourbé et terminé, à l'autre extrémité, par une seconde boule B; que l'on ait

fait bouillir cette eau, et fermé la boule B,
au moment où tubes et boules ne renfer-
maient plus que de l'eau liquide ou en
vapeur. La moindre addition de calorique
suffira pour faire bouillir l'eau de la boule
A; et, si par un refroidissement de la boule
B, on condensait, au fur et à mesure, la
vapeur émise par la boule A, le calorique
nécessaire pour la gazéification finirait par
être pris sur celui qui est nécessaire à l'eau
pour sa liquéfaction, et « à force de bouillir,
l'eau gèlerait » (1).

Pour le refroidissement de la boule B,
nous pouvons recourir à une évaporation
rapide à celle de l'éther, par exemple. Que
cette boule, enfermée dans un petit sac de
flanelle humectée d'éther, soit introduite
sous la cloche de la machine pneumatique;
en moins d'une minute, grâce au froid produit par l'évaporation de l'éther dans le vide,
la vapeur formée dans le tube se condense,
et l'eau gèle dans la boule qui est au-
dehors.

Une expérience, dont l'idée appartient à
Leslie, montre à la fois, dans leur corréla-
tion, les deux faits contraires de la gazéifi-

(1) Ce petit appareil, dont l'idée appartient à *Wollaston*, a reçu le nom de *cryophore*.

cation et de la solidification. Une petite
fiole d'éther est mise dans un verre d'eau
sous la cloche de la machine pneumatique;
dès qu'on a retiré une partie de l'air, l'éther
se met à bouillir, sans chauffage, et l'eau
gèle sans cause apparente de refroidissement. Un thermomètre dans le verre d'eau
et un autre dans l'éther, montrent que la température y baisse de la même manière. L'é-
ther se refroidit en même temps qu'il bout.
Tant que la congélation dure, le liquide et
le gaz sont à 0°. Avec deux verres de montre superposés (le verre de dessous à demi
rempli d'eau), le résultat est instantané. A
peine a-t-on retiré de l'air de la cloche, que
l'on trouve les deux verres de montre unis
par une couche de glace (1).

C'est à l'absorption de calorique par les
gaz liquéfiés au moyen de la pression, lors
de leur retour à l'état gazeux, à la suite de
la suppression de cette pression, que sont
empruntés les plus grands froids aujourd'hui

_____

(1) L'évaporation rapide de l'éther sulfurique, dans
le vide, autour du mercure, le solidifie en trois ou quatre minutes et va jusqu'à produire un froid de — 60°.
L'évaporation dans le vide de l'acide sulfureux, liquide
à — 18° et bouillant à — 10°, donne, en peu d'instants,
un froid de — 68°.

connus. Ces froids sont tels qu'en plusieurs
exemples comme dans l'un de ceux que je
vous citais tout-à-l'heure, ils peuvent aller
jusqu'à nous donner, à l'état solide, une
partie du gaz lui-même. C'est ainsi que
M. *Thilorier* a enrichi les sciences et les arts
d'un nouveau corps solide, d'une nouvelle
sorte de neige ou de glace, celle qui présente, à l'état solide, l'une des substances
que l'on osait à peine espérer de voir à l'état
liquide : le gaz acide carbonique.

Soit un mélange, en vase clos, d'eau,
d'acide sulfurique et de carbonate de soude
(acide carbonique et soude). L'acide sulfurique se combine avec la soude et forme un
sulfate de soude ; l'acide carbonique se dégage. Le vase ne contient plus bientôt que
de l'eau, du sulfate de soude et cet acide
carbonique en partie *à l'état de gaz com-*
primé, en partie *à l'état liquide.* Qu'une
petite issue soit ouverte au gaz : de petits
flocons de neige apparaissent.

Cette neige carbonique, mêlée à l'éther,
absorbe, dans son évaporation rapide, le
calorique de liquidité de trente ou quarante
fois son poids de mercure. Ce métal peut
alors se travailler sous le marteau.

Le refroidissement produit par une absorp-

tion de calorique, lors de la dilatation d'un
gaz précédemment comprimé, vous explique
la singularité que présentent les jets de vapeur des soupapes de sûreté. La machine à
vapeur est-elle à basse pression, la température de cette fumée blanchâtre est insupportable; y plonger la main, c'est la mettre
dans l'eau bouillante. La machine est-elle à
haute pression (1); la main, chose étrange,
peut rester impunément dans le cône ren-
versé de vapeur. C'est que, dans le premier
cas, la vapeur, du même ressort que l'air,
conserve sa densité et conséquemment sa
température de 100°; tandis que dans le
second, elle se dilate, et, se dilatant, absorbe
du calorique aux corps environnants.

———

Il nous resterait à traiter de la nature
même de la chaleur. Est-ce une matière
réelle, invisible et impalpable, un fluide impondérable, qui pénètre les corps, com...e
nous l'avons supposé en décrivant et expli-
quant les effets? Est-ce une *cause répulsive*, comme s'exprime Lavoisier?

La science considère actuellement la cha-

(1) C'est-à-dire la vapeur est-elle dans le cylindre à
une température qui lui donne un ressort supérieur à
celui de l'air.

'eur comme une *force*, et la définit, « Un !
mouvement moléculaire ou atomique excité
au sein des corps ou de l'éther (1). »

Remarquons en terminant que de cette
définition de la chaleur découle une expli-
cation toute naturelle du phénomène de la
chaleur latente.

Ce mouvement atomique, cette force tend
à disjoindre les molécules des corps et à les
maintenir à distance. De là, suivant l'inten-
sité de la chaleur, les états différents sous
lesquels se présente un même corps : solide,
liquide, gazeux.

« Comme toute autre force, la chaleur ne
peut pas produire à la fois plusieurs effets ;
si donc elle est employée, et comme dépen-
sée ou épuisée à maintenir ou à amener à
une certaine distance les molécules des corps,
elle ne peut pas en même temps agir sur les
corps environnants, sur le thermomètre, par
exemple, ou l'organe du tact; elle sera donc
insensible ou latente. Voilà donc pourquoi
la grande quantité de chaleur, absorbée par
un corps dans son passage de l'état solide à

_____

(1) On entend par éther un fluide impondérable,
d'une densité presque nulle, d'une élasticité presque
infinie, qui remplirait tout l'espace et pénétrerait tous
les corps.

l'état liquide, ou de l'état liquide à l'état gazeux, n'élève pas sa température et n'est pas mise en évidence par le thermomètre.»
(*La clef de la science*, revue par M. Migno.)

———

CHALEUR CENTRALE

LES TREMBLEMENTS DE TERRE.

Lorsqu'on observe la température au-dessous de la surface de la terre, voici ce qu'on
trouve : à une certaine profondeur (20 à 30
mètres), il existe une couche de température
invariable, dont le degré de chaleur reste
perpétuellement le même, quelles que soient
les vicissitudes éprouvées par la température
du sol. Ce principe résulte des observations
régulières faites depuis 1671 dans les caves
de l'Observatoire de Paris. Ces caves sont à
28 mètres au-dessus du sol. Un grand thermomètre y est établi à demeure. Il a un
réservoir très-volumineux, un tube très-
capillaire, et des degrés qui occupent sur
l'échelle une longueur de près de 10 centimètres. Cette disposition permet d'apprécier
les demi-centièmes de degré. Or, depuis
1671 que ce thermomètre est en expérience,
il n'a pas varié d'une quantité appréciable;
il a constamment marqué la température
exacte 11° 82.

Un second principe confirme le premier
en lui donnant de l'extension. Au-dessous
de la couche invariable, la température des
couches inférieures est également déterminée pour chacune d'elles; en outre, cette
température augmente avec la profondeur.
Parmi les innombrables observations qui
attestent ce résultat, je citerai seulement les
mesures de température faites dans les mi-
nes profondes et les observations thermométriques souterraines effectuées dans le forage
des puits artésiens. Lorsque, dans ce dernier
cas, l'eau jaillit à la surface de la terre, elle
y apporte à peu près la température des
couches terrestres où la sonde est allée la
chercher, et cette température se trouve
d'autant plus élevée que l'eau vient d'une
plus grande profondeur. Pareillement, si,
avant d'avoir atteint la nappe d'eau jaillis-
sante, on descend dans le trou de sonde des
thermomètres à *maximum*, ils indiquent,
comme on le reconnaît, des températures en
rapport direct avec la profondeur à laquelle
on les a descendus. Ce fait, vérifié sur tous
les points du globe et à toutes les profon-
deurs où on a pu pénétrer, ne pourrait s'ex-
pliquer par l'effet actuel de la chaleur solaire, car les variations de température se

trouveraient marcher en sens opposé. Il
est également impossible de l'attribuer à des
actions chimiques et à toute autre cause
accidentelle. On ne comprendrait pas, en
effet, comment ces causes seraient indépen-
dantes de la nature des terrains.

La loi de l'accroissement de la température avec la profondeur n'est pas exactement
connue. On admet, comme terme moyen,
que la chaleur augmente de 1 degré par
chaque 33 mètres de profondeur. De là il
résulte que vers 3 kilomètres au-dessous
du point de température stationnaire, on
doit trouver déjà 100 degrés, température
de l'eau bouillante; et que, si la loi se continue régulièrement, on aurait à 20 kilomètres 666 degrés, température à laquelle la
plupart des sulfures ainsi qu'un grand nombre de corps sont en pleine fusion. Vers le
centre, à 6,366 kilomètres, en supposant le
même accroissement, on obtiendrait par
conséquent une température de 200,000
degrés dont nous ne pouvons nous faire
aucune idée. Mais il n'est guère proba-
ble que la chaleur s'accroisse toujours uni-
formément. M. Milne-Edwards pense que
bientôt il se fait un équilibre général, et
qu'à une profondeur de 150 à 200 kilomè-

tres, il s'établit une température uniforme
de 3,000 à 4,000 degrés, la plus forte que
nous puissions produire, et à laquelle rien
ne résiste.

De tout ce qui précède, il résulte, non-
seulement que la terre aurait été fluide à
une certaine époque, comme on le déduit
d'ailleurs de sa forme, mais que selon toute
probabilité elle l'est encore, et que sa surface
seule, sur une épaisseur de 20 à 40 kilomètres, s'est consolidée en perdant dans
l'espace sa chaleur primitive. Cette croûte
consolidée est fort peu de chose comparati-
vement au rayon terrestre, dont l'étendue
est de plus de 6,000 kilomètres. Elle ne
ferait pas l'épaisseur d'une feuille de papier
sur nos globes ordinaires.

Si l'on réfléchit à l'énorme disproportion
qui existe entre l'épaisseur de la croûte
solide du globe et la masse de matière fondue qu'elle recouvre, il n'est pas surprenant
qu'une telle écorce, relativement plus
mince qu'une feuille d'or battu sur une
orange, puisse être tourmentée au moindre
mouvement de la masse sous-jacente. Lorsque celle-ci suinte, jaillit, sous forme de
lave, de gaz, d'eau bouillante, et que sa
sortie ne s'effectue qu'avec d'horribles

secousses, elle donne lieu aux phénomènes
connus sous la désignation d'*éruption volcanique* et de *tremblements de terre*. Ces
phénomènes ne paraissent pas avoir une
origine différente. Les tremblements se font
peu sentir dans l'intérieur des terres où l'on
trouve peu de volcans. Il n'y a pas d'ailleurs
de tremblement sans éruption volcanique,
ni d'éruption volcanique sans tremblement :
les exceptions sont fort rares.

Il n'est aucun de nos lecteurs qui n'ait
entendu parler des tremblements de terre,
de ce terrible fléau qui, en un instant, fait
un monceau de ruines des plus florissantes
cités, et bouleverse parfois tout un pays.
« Peu à peu le jour s'assombrit ; le ciel se
montre chargé de nuages épais et noirs,
affectant les formes les plus bizarres. La
nature éprouve je ne sais quelle saisissement
étrange, avertissement secret, grave et sé-
rieux pronostic. Les animaux donnent les premiers des marques de frayeur : les oiseaux
s'envolent en décrivant des cercles immen-
ses, les chiens tremblent convulsivement
en regardant leur maître de cet œil suppliant
que rien ne peut peindre ; les bœufs mugis-
sent et se dispersent dans la campagne ; ils
semblent harcelés par d'invisibles ennemis,

où plutôt ils respirent la mort ; ils l'enten--
dent venir et ils fuient ; la crinière des che-
vaux se hérisse ; on voit, aux flancs des
montagnes, les moutons et les chèvres trem-
blants, pressés les uns contre les autres,
oublier leur pâture et regarder avec frayeur
ces nuages qui leur communiquent une
sorte de commotion électrique ; les fontai-
nes tarissent, les rivières s'agitent et se pré-
cipitent comme des torrents à la fonte des
neiges. Un bruit semblable à celui de cha--
riots pesamment chargés roulant sur des
pavés se fait entendre, accompagné de
rafales qui s'élancent dans l'espace en notes
aiguës comme le sifflet d'un maître d'équi-
page à bord. Avant que les habitants soient
revenus de leur stupeur, les maisons se
mettent à vaciller, l'air s'épaissit, l'atmosphère se remplit de vapeurs pestilentielles
et d'une odeur de soufre insupportable ; le
sol gémit et paraît prêt à s'ouvrir. Chacun
demeure cloué à sa place, au bruit effroyable
qui redouble de tous côtés. Les édifices, si
hardis et si beaux qu'ils soient, chancellent,
craquent, s'affaissent sur eux-mêmes, couvrent le sol de leurs débris. »

Non-seulement les tremblements de terre
renversent souvent des cités entières avec

les édifices les plus solidement établis, mais
encore ils font subir au sol même d'impor-
tantes modifications. Il arrive que des éten-
dues plus ou moins considérables de terrain
s'enfoncent tout à coup, entraînant plan-
tations et habitations, et laissant des gouf-
fres à parois verticales de 80 à 100 mètres
de profondeur. Dans certains cas, on voit
surgir immédiatement du fond de ces cavi-
tés une immense quantité d'eau, et il en
résulte des lacs plus ou moins considérab'es,
tantôt sans écoulement apparent, et tantôt
donnant lieu à d'énormes torrents. Dans
d'autres cas, au contraire, des ruisseaux
sont absorbés par les crevasses du sol où ils
s'engouffrent, soit pour un temps, soit pour
toujours. En 1698, on vit s'affaisser un des
pics des Andes de Quito. Cette masse énorme,
en s'enfonçant dans la terre, en fit sortir un
volume d'eau assez considérable pour inon-
der totalement quatre à cinq lieues de pays,
et former un marais qui subsiste encore. Ce
qu'il y eut de plus singulier, ce fut de voir
jaillir avec les eaux des milliers de petits
poissons vivants. Cette espèce de poissons,
très-abondantes dans les rivières de la con-
trée de Quito, paraît aussi habiter dans les
lacs souterrains.

Les tremblements de terre qui ont eu lieu sur les côtes du Chili, en 1822, 1835 et 1837, ont produit des effets non moins remarquables. Diverses parties de la côte, depuis Valdivia jusqu'à Valparaiso, c'est-à-dire sur une étendue de plus de 200 lieues, se sont manifestement élevées au-dessus des eaux, ainsi que plusieurs îles voisines, sans en excepter celle de Juan Fernandez; tout le fond de la mer, jusqu'à une distance considérabe, participa au même phénomène. Sur les côtes, des rochers, jadis cachés sous l'eau, se sont élevés de 2 à 3 mètres au-dessus de son niveau avec les coquillages qui vivaient à leur surface ; des rivières qui débouchaient sur ses côtes sont devenues guéables là où de petits bricks pouvaient autrefois naviguer; en mer, des mouillages bien connus ont diminué de profondeur dans la même proportion, et divers points où l'on passait facilement opposent aujourd'hui des hauts-fonds aux bâtiments qui tirent beaucoup d'eau. Des circonstances analogues se sont manifestées dans l'Inde en 1819; une colline de vingt lieues de longueur sur six de largeur s'éleva du sud-est au nord-ouest, au milieu d'un pays jadis plat et uni, en barrant le cours de l'Indus. Plus loin, au contraire, au sud et parallèlement à la même direction, le pays s'affaissa, entraînant le village et le fort de Sindré, qui resta néanmoins debout, à demi submergé. L'embouchure orientale du fleuve devint plus profonde en différents points, et plusieurs portions de son lit, autrefois guéables, cessèrent tout à coup de l'être.

FIN

TABLE

—

FIN DE LA TABLE

Limoges. — Imp. E. ARDANT et Cᵉ.

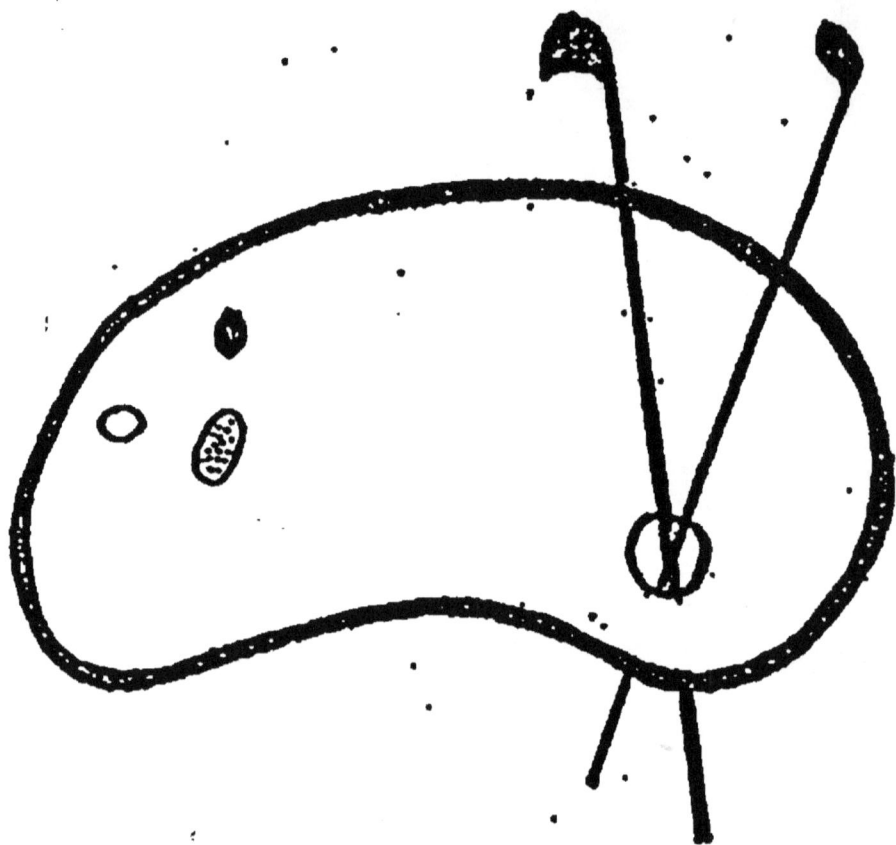

ORIGINAL EN COULEUR
NF Z 43-120-8

www.ingramcontent.com/pod-product-compliance
Lightning Source LLC
Chambersburg PA
CBHW071152200326
41519CB00018B/5194